普通高等教育艺术设计类专业"十二五"规划教材
计算机软件系列教材

非线性编辑——Adobe Premiere Pro CS4

主　编　陈婷婷　李慧文
副主编　崔宏伟　张　程　杨竹音　苏　智

华中科技大学出版社
http://www.hustp.com
中国·武汉

内容简介

　　本书着重培养学习者的动手能力,从全面提升学习者非线性编辑制作技术和设计思想的角度出发,按照不同阶段学习者的实际需求,将各类实践性练习贯穿全书。书中采取图文并茂、讲练结合的方式,在每章节中均针对知识点安排从易到难、由浅入深的实践练习,使读者能够轻松上手,并逐步提升动手能力。

　　本书内容丰富,实用性强,既可作为动画、数字媒体、新闻传播、艺术设计、多媒体技术等专业的非线性编辑、Premiere视频剪辑等相关课程的教材,也可作为初学者学习的参考书。

图书在版编目(CIP)数据

非线性编辑——Adobe Premiere Pro CS4/陈婷婷,李慧文 主编.—武汉:华中科技大学出版社,2013.12
ISBN 978-7-5609-9527-4

Ⅰ.①非… Ⅱ.①陈… ②李… Ⅲ.①非线性编辑系统-高等学校-教材 Ⅳ.①TN948.13

中国版本图书馆 CIP 数据核字(2013)第 286991 号

非线性编辑——Adobe Premiere Pro CS4　　　　　　　　陈婷婷　李慧文　主编

策划编辑:谢燕群　范　莹
责任编辑:江　津
责任校对:李　琴
封面设计:刘　卉
责任监印:周治超
出版发行:华中科技大学出版社(中国·武汉)
　　　　　武昌喻家山　邮编:430074　电话:(027)81321915
录　　排:武汉金睿泰广告有限公司
印　　刷:武汉科源印刷设计有限公司
开　　本:880mm×1230mm　1/16
印　　张:10
字　　数:268 千字
版　　次:2015 年 1 月第 1 版第 2 次印刷
定　　价:48.80 元

前 言

本书写作团队的成员均有多年的非线性编辑教学或从业经验，在写作中将各类实践性练习贯穿全书，同时，采取图文并茂、讲练结合的方式，使读者能够轻松上手，并逐步提升动手能力。

本书知识结构严谨，逻辑关系紧密，内容丰富，具有较强的可读性。此外，实践练习和综合实例将知识点与艺术创作有机结合，能帮助初学者尽快提升自身动手能力，便于他们以后更好地踏入社会，适应岗位要求。

本书除了介绍 Adobe Premiere Pro CS4 中各种工具和剪辑技巧的基本使用方法外，还在章节中针对知识点安排了丰富的实践练习，针对不同章节的不同内容，这些实践案例被分为三个大类，即试验类、行业类和公共类，这也是本书的一大特点。其中，试验类案例使用的图例都是编写者的自用素材，用于工具操作的讲解；行业类案例使用的图例具有强烈的商业性特点，在完整的案例讲解中会出现；公共类案例使用的图例一般都是大家所熟知的一些镜头画面，在讲到不同转场效果和视频特效的时候会使用这些案例，这样不仅能让读者产生一种亲切感，也使得每种转场和特效效果一目了然。

由于编者水平有限，本书难免出现处理不妥的地方，欢迎读者对我们进行批评、指正。

编 者

2013年10月

目 录

MULU

1.1 数字视频的基本概念

1.1.1 模拟信号与数字信号

模拟信号(analog signal)是与离散的数字信号相对的连续信号，模拟信号分布于自然界的各个角落。模拟数据(analog data)是由传感器采集得到的连续变化的值，例如，温度、压力，以及目前存在于电话、无线电和电视广播中的声音和图像。

数字信号(digital signal)则是模拟数据经量化后得到的离散的值，例如，在计算机中用二进制代码表示的字符、图形、音频与视频数据。目前，美国信息交换标准码(American Standard Code for Information Interchange，ASCII)已为国际标准化组织（ISO）和国际电报电话咨询委员会（CCITT）所采纳，成为国际通用的信息交换标准代码，使用 7 位二进制数来表示一个英文字母、数字、标点或控制符号；图形、音频与视频数据则可分别采用多种编码格式。

随着电子技术的飞速发展，数字信号的应用日益广泛。很多现代的媒体处理工具，尤其是需要和计算机相连的仪器都从原来的模拟信号表示方式改为数字信号表示方式，例如手机、视频或音频播放器和数码相机等。图 1-1 所示为某公司数字化工作室。

图1-1

1.1.2 帧速率和场

帧速率（FPS）是英文 frames per second 的缩写，指的是每秒刷新图片的帧数。在视频上可以理解为每秒钟能够播放或录制多少格画面。帧速率越高，则可以得到越流畅、越逼真的画面。

视频是由一系列单独图像组成的，而人的视网膜有视觉残留特性，可以暂时保留单独的图像，因此能产生平滑的和连续的效果。典型的帧速率范围是 24~30 帧 / 秒。

帧速率是描述视频信号的一个重要概念。传统的电影帧速率是 24 帧 / 秒；PAL 制式的电视系统为 625 线垂直扫描，帧速率为 25 帧 / 秒；NTSC 制式的电视系统为 525 线垂直扫描，帧速率为 30 帧 / 秒。

高清晰度电视标准有交错和非交错两种，但大多数广播视频都是交错的。交错视频由两个扫描场组成，这两个扫描场构成每一个视频帧。每一帧包含两个场，场速率是帧速率的两倍。每一个扫描场都包含一帧中一半数量的水平线，上部扫描场（或扫描场 1）包含所有奇数线，下部扫描场（或扫描场 2）则包含所有偶数线。交错视频显示器（如电视机）先绘制一个扫描场中的所有线再绘制另一个扫描场中的所有线，从而显示每一帧。扫描场顺序指定先绘制扫描场的顺序。在 NTSC 视频中，新扫描场绘制到屏幕上的频率约为每秒 60 次，这相当于每秒 30 帧的帧速率。

非交错视频帧不分成两个扫描场。逐行扫描显示器以自上而下绘制所有水平线的方式来显示非交错视频帧。因此，构成一个视频帧的两个扫描场便会同时显示。这样，计算机显示器以每秒 30 帧的帧速率显示视频，并且显示器上显示的大多数视频都是非交错的。

电视机分逐行和隔行扫描，一般而言，电视机是隔行扫描的，而高清电视机则是逐行扫描的，隔行扫描是先把低场的那部分显示出来，然后再显示高场那部分，逐行扫描时不论高低场，都从上向下显示。

1.1.3　分辨率和像素宽高比

不管是电视机屏幕还是计算机屏幕，都是由一个个的像素点组成的，在计算机显示器上，每个像素点都是正方形的，但是在电视机屏幕上，像素点却是矩形的。横向的像素点数量 × 纵向的像素点数量就是这个屏幕的分辨率。比如，1024×768 就是指这个屏幕横向有 1024 个像素点，纵向有 768 个像素点。需要注意的是，虽然分辨率是有标准的，但是单个像素点的大小是没有标准的，如有的手机屏幕尺寸很小，但是分辨率却很高，所以分辨率只能决定画面的精细程度（内容能被缩放到何种程度），却不能决定屏幕的大小，除非单个像素点的大小是一定的。屏幕过小，分辨率过大的直接后果就是内容显示得非常小，不太协调。所以分辨率并不是越大越好，还要根据实际的屏幕尺寸来决定。

分辨率为 1024×768 会让人认为这个屏幕的宽高比是 4：3，如图 1-2 所示。但是实际情况可能并不如此，这种情况只建立在像素点是正方形的前提下，正方形的宽高比是 1：1 时 1024×1：768×1 才是 4：3 ≈ 1.33。但是在电视机上，像素比不再是 1：1，如 PAL 制式的电视屏幕像素比是 1.06，那么分辨率为 1024×768 的实际宽高比在电视屏幕上就是 1024×1.06：768×1 ≈ 1.41。因为横向的每一个像素都被拉升了 1.06 倍，所以在电视机上看就会觉得这个视频被横向拉伸了，它的实际尺寸当然就不会是 4：3 了。

图1-2

其实最初的像素点都是正方形的，那时候 PAL 制式的尺寸是 768×576，NTSC 的是 640×486，但是硬件厂商出于某种原因（跟 4：3 的液晶板浪费材料一个道理），统一了制式标准。所以现在 PAL 制式的尺寸就成了 720×576，NTSC 制式的为 720×480。

但是这样带来一个问题，就是原来的 768×576 的宽高比是 4：3（像素点是正方形的情况下），而现在的不是标准的 4：3，那么为了能使宽 720 的画面看起来和宽 768 的一样，唯一的办法就是把像素给拉长，即拉长 768÷720 ≈ 1.067 倍，这就是像素宽高比。

1.1.4　视频色彩系统

色彩深度即每个像素可以显示的色彩信息的多少，用位数（2 的 n 次方）描述，位数越高，画面的色彩表现力越强。

计算机通常使用 8 位 / 通道（R、G、B，即 24 位）存储和传送色彩信息，如果加上一条 Alpha 通道，则可以达到 32 位，如图 1-3 所示。

高端视频工业标准对色彩有更高的要求，通常会使用 10 位 / 通道或 16 位 / 通道的标准，高标准的色彩可以表现更丰富的色彩细节，使画面更加细腻，颜色过渡更为平滑。

图1-3

1.1.5　数字声频技术

数字声频技术（digital audio technique）是指对声频信号进行数字处理的有关技术，包括模 -

数和数－模变换，数字数据的传输、记录、存储、混合及其他处理技术。这里的声频信号主要是指与音乐和语言有关的信号。这些信号在处理过程中需满足高保真要求，而通信技术中的语言处理则需满足可懂度准则。数字声频技术的主要优点是能提高声频信号的质量，增强抗干扰能力。数字声频设备使用灵活，便于大规模生产。

1.1.6　视频压缩

视频压缩的目标是在尽可能保证视觉效果的前提下减少视频数据率。视频压缩比一般是指压缩后的数据量与压缩前的数据量之比。由于视频是连续的静态图像，因此其压缩编码算法与静态图像的压缩编码算法有某些共同之处，但是运动的视频还有其自身的特性，因此在压缩时还应考虑其运动特性才能达到高压缩的目标。图 1-4 所示为一张图片在存储之前选择压缩制式。

图1-4

在视频压缩中需用到以下一些基本概念。

（1）有损压缩和无损压缩：在视频压缩中有损（lossy）和无损（lossless）的概念，这与静态图像中的基本类似。无损压缩即压缩前和解压缩后的数据完全一致。多数的无损压缩都采用 RLE 行程编码算法。有损压缩意味着解压缩后的数据与压缩前的数据不一致，在压缩的过程中要丢失一些人眼和人耳所不敏感的图像或音频信息，而且丢失的信息不可恢复。几乎所有高压缩的算法都采用有损压缩，这样才能达到低数据率的目标。丢失的数据与压缩比有关，压缩比越小，丢失的数据越多，解压缩后的效果越差。此外，某些有损压缩算法采用多次重复压缩的方式，这样还会引起额外的数据丢失。

（2）帧内压缩和帧间压缩：帧内（intraframe）压缩也称空间压缩（spatial compression）。当压缩一帧图像时，仅考虑本帧的数据而不考虑相邻帧之间的冗余信息，这实际上与静态图像压缩类似。帧内压缩一般采用有损压缩算法，由于帧内压缩时各个帧之间没有相互关系，所以压缩后的视频数据仍可以以帧为单位进行编辑。帧内压缩一般达不到很高的压缩。采用帧间（interframe）压缩是基于许多视频或动画的前后两帧具有很大的相关性，或者说前后两帧信息变化很小的特点，即连续的视频其相邻帧之间具有冗余信息。根据这一特性，压缩相邻帧之间的冗余量就可以进一步提高压缩量，提高压缩比。帧间压缩也称时间压缩（temporal compression），它通过比较时间轴上不同帧之间的数据进行压缩。帧间压缩一般是无损的。帧差值（frame differencing）算法是一种典型的时间压缩法，只比较本帧与相邻帧之间的差异，仅记录本帧与其相邻帧的差值，这样可以大大减少数据量。

（3）对称编码和不对称编码：对称性（symmetric）是压缩编码的一个关键特征。对称意味着压缩和解压缩占用相同的计算处理能力和时间。对称算法适合于实时压缩和传送视频，如视频会议应用就以采用对称的压缩编码算法为好。而在电子出版和其他多媒体应用中，一般是把视频预先压缩处理好，然后再播放，因此可以采用不对称（asymmetric）编码。不对称或非对称意味着压缩时需要花费大量的时间和精力，而解压缩时则能较好地实时回放，即以不同的速度进行压缩和解压缩。一般来说，压缩一段视频的时间比回放（解压缩）该视频的时间要多得多。例如，压缩一段三分钟的视频片断可能需要 10 多分钟的时间，而该片断实时回放时间只有三分钟。

目前有多种视频压缩编码方法，但其中最有代表性的是 MPEG 数字视频格式和 AVI 数字视频格式。

1.2 影视创作理论基础

1.2.1 影片语言要素

电影艺术又称为视听艺术。一个完整的电影镜头包括画面元素和声音元素。如果一位电影导演没有丰富而且专业的视听积累和经验，是不可能创作出一部具有专业水准及成功影片的，也就谈不上在电影艺术领域有何重大的突破和创新。电影导演对电影画面的处理主要体现在对摄影运动方式的处理，不同的电影导演在选择摄影运动方式时，有的擅长于静态摄影，有的则喜欢运用运动摄影，还有的则把静态摄影和运动摄影创造性地结合起来。然而，电影毕竟是科学技术的产物，尤其在进入 21 世纪之后，这方面的元素几乎已经反客为主，许多观众在观看影片时，对画面和音响的追求已经超过了对电影本身主题的了解。

当电影导演在完成电影分镜头剧本的时候，这部影片的剪辑风格就已经形成了。一部影片的创作过程进行到后期制作时，剪辑师便在导演的创作意图下进行影片的剪辑。电影导演和剪辑师在剪辑影片时，往往比较关心时间、节奏、视听关系等元素。通过交叉蒙太奇可以延长或缩短一个动作的时间，而运用光学效果能够连接不同的场面，从而控制影片时间长度、故事跨越时间、观众心理时间。而当剪辑师和导演共同控制影片时间时，一个相应的问题就会出现——节奏。所以在观赏影片时，有的影片给观众的感觉是节奏慢，有的影片给观众的感觉是节奏快。

1.2.2 影视节目制作的基本流程

1. 整理素材

素材指的是用户通过各种手段得到的未经过编辑（或者称剪接）的视频和音频文件，它们都是数字化的文件。制作影片时，得将拍摄到的胶片中包含声音和画面图像的内容输入计算机，转换成数字化文件后再进行加工处理。这里的素材可以指从摄像机、录像机或其他可捕获数字视频的仪器上的视频文件。

2. 确定编辑点和镜头切换的方式

编辑时，选择自己所要编辑的视频和音频文件，对它设置合适的编辑点（切入点和切出点），就可达到改变素材的时间长短和删除不必要素材的目的。镜头的切换是指把两个镜头衔接在一起，使一个镜头突然结束，下一个镜头立即开始。在影视制作上，这既指胶片的实际物理接合（接片），又指人为创作的银幕效果。用 Premiere Pro CS4 可以对素材中的镜头进行切换，实际上是使用软件提供的过渡效果，操作时，将素材被放在时间线视窗（timeline windows）中分离的 Video1A 和 Video1B 轨道中，然后将过渡效果视窗中选择的过渡效果放到 T 轨道中即可。

3. 制作编辑点记录表

传统的影片编辑工作离不开对磁带或胶片上的镜头进行搜索和挑选。编辑点实际上就是指磁带上和某一特定的帧画面相对应的显示数码。操纵录像机寻找帧画面时，数码计数器上都会显示出一个相应变化的数字，一旦把该数字确定下来，它所对应的帧画面也就确定了，就可以认为确定了一个编辑点（一般称它为帧画面的编码，将 Premiere 的节目输出成为一系列的帧画面时就会涉及这个问题，这部分内容将在后面的章节进行介绍）。编辑点一般有两种，分别是切入点和切出点。用 Premiere Pro CS4 编辑素材后，编制一个编辑点的记录表（EDL），记录对素材进行的所有编辑，一方面有利于在合成视频和音频时使两种素材的片断对上号，使片断的声音和画面同步播放。另一方面制作一个编辑点记录表，有助于识别和编排视频和音频的每个片断。制作大型影片时需要编辑大量的素材，它的优势就更为明显了。

4. 把素材综合编辑成节目

剪辑师将实拍到的分镜头按照导演和影片的剧情需要组接剪辑，只有选准编辑点，才能使影片在播放时不出现闪烁。在 Premiere 的时间线视窗中，可按照指定的播放次序将不同的素材组接成整个片断。素材精准的衔接，可以通过在 Premiere 中精确到帧的操作来实现。

5. 在节目中叠加标题字幕和图形

Adobe Premiere 的标题视窗工具为制作者提供展示自己艺术创作与想象能力的空间。利用这些工具，用户能为自己的影片创建和增加各种有特色的文字标题（仅限于两维）或几何图像，并对它实现滚动、产生阴影和产生渐变等各种效果。而以往的传统字幕制作或图形效果的制作必须先拍摄实物，然后制作成为所谓的插片，由剪辑师将插片添加到胶片中才能实现。

6. 添加声音效果

一般来说，先要把视频剪接好，然后才能进行音频的剪辑。添加声音效果是影视制作不可缺少的工作。使用 Premiere 不仅可以为影片增加更多的音乐效果，而且能同时编辑视频、音频。

图 1-5 所示为一般视频处理流程。

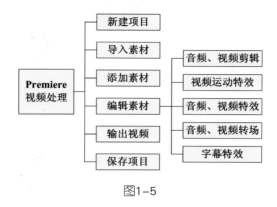

图1-5

第2章
Premiere的前世今生

Premiere 出自 Adobe 公司，它是一种基于非线性编辑设备的视、音频编辑软件，可以在各种平台下和硬件配合使用，被广泛应用于电视台、广告制作、电影剪辑等领域，成为 PC 和 MAC 平台上应用最为广泛的视频编辑软件。它是一款相当专业的 DV（desktop video）编辑软件，专业人员结合专业而系统的配合可以制作出广播级的视频作品。在普通的微机上，配以比较廉价的压缩卡或输出卡也可制作出专业级的视频作品和 MPEG 压缩影视作品。

在 Premiere 6.0 之前，Adobe 公司相继推出 4.0、4.2、5.0、5.1 和 5.5 等版本。Premiere 6.0 为视频节目的创建和编辑提供了更加强大的支持，在进行视频编辑、节目预览、视频捕获以及节目输出等操作时，可以在兼顾效果和播放速度的同时，还可实现更佳的影音效果。另外在 Premiere 6.0 中，首次加入关键帧的概念，用户可以在轨道中添加、移动、删除和编辑关键帧，对于控制高级的二维动画游刃有余。Premiere 6.0 提供了兼容于 QuickTime 系统和其他系统的第三方插件，使用这些插件可以实现视频（滤镜）效果和过渡效果。它提供了光盘刻录插件，可以轻松地制作出适合光驱播放的影片。

自 Premiere 6.0 之后，Adobe 公司又相继推出了 Premiere 6.5、Premiere pro 1.0/1.5/2.0、Premiere Pro CS3 和 Premiere Pro CS4。图 2-1 所示为 Premiere 6.5 的启动画面。

图2-1

2.1 Premiere Pro与Premiere Pro 1.5

　　Adobe Premiere Pro针对Windows XP系统的超凡性能而构建，将视频制作带入了一个全新的高度。它能够提供强大、高效的增强功能和先进的专业工具，包括尖端的色彩修正、强大的新音频控制和多个嵌套的时间轴，并专门针对多处理器和超线程进行优化，能够利用新一代基于英特尔奔腾处理器、运行Windows XP的系统在速度方面的优势，提供一个能够自由渲染的编辑体验。Premiere编辑器能够定制键盘快捷键和工作范围，创建一个熟悉的工作环境，诸如三点色彩修正、YUV视频处理、具有5.1环绕声道混合的强大音频混频器和AC3输出等专业特性都得到进一步增强。

　　Adobe Premiere Pro把广泛的硬件支持和坚持独立性结合在一起，能够支持高清晰度和标准清晰度电影胶片。用户能够输入和输出各种视频和音频模式，包括MPEG2、AVI、WAV和AIFF文件，另外，Adobe Premiere Pro文件能够以工业开放的高级制作格式（advanced authoring format，AAF）输出，用于进行其他专业产品的工作。Adobe Premiere Pro能够与Adobe Video Collection中的其他产品无缝集成，这些产品包括Adobe Audition、Adobe Encore DVD、Adobe Photoshop和After Effects软件。

　　Adobe Premiere Pro 1.5针对视频及后期制作专业人群设计。使用过其他专业视频编辑系统的用户会发现在Adobe Premiere Pro 1.5中进行编辑更加得心应手，新手会赞赏其直观的界面及其编辑速度，挑剔的专业人士会赞赏其专业特点，其直接输出dvd选项使得发布更加简单快捷。图2-2所示为Adobe Premiere Pro 1.5的启动画面。

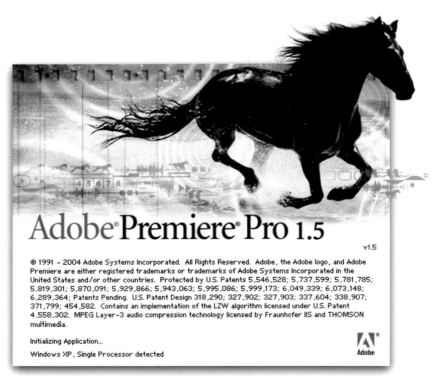

图2-2

　　Adobe Premiere Pro 1.5是针对超线程以及多处理器系统进行特别设计的多线程应用软件。可以按比例决定每个附加处理器的运算增量。这个架构允许用户编辑所有从DV到高清的所有级别的影像信息，包括支持新增的HDV格式。

2.2　Adobe Production Studio与Adobe Premiere Pro 2.0

Adobe Production Studio 是 Adobe Creative Suite 家族的一部分，使用 Adobe Production Studio 增强版软件，可为电影、视频、DVD 及 Web 工作流程提供新的强大功能，并提高工作效率（见图2-3）。作为 Adobe Creative Suite 系列产品的一部分，这一完整的视频和音频后期制作解决方案组合了 Adobe After Effects 7.0 Professional、Adobe Premiere Pro 2.0、Adobe Photoshop CS2、Adobe Audition 2.0、Adobe Encore DVD 2.0、Adobe Illustrator CS2 软件，以及能够节省时间的 Adobe Dynamic Link 和 Adobe Bridge 之类的工作流程功能。

图2-3

Adobe Premiere Pro 2.0 从 DV 到未经压缩的 HD，它几乎可以获取和编辑任何视频格式，并能将其输出到录像带、DVD 和 Web 当中。Adobe Premiere Pro 2.0 还提供了与其他 Adobe 应用程序集成的功能。其界面与以前相比，变化了很多。原来工程项目下的图标与转场、特技图标在一起，这次做了重新调整。不过，对于习惯了以前版本的用户来说，可以自己设置喜欢的显示方式。更为重要的是，这次在激活的当前窗口都会有一个深黄色的框，显示得更加清楚。将音频混合器集成在面板上，用户可以随时调整各个声道音量的大小及设置左右声道。特效面板与素材项目面板分离，与素材信息、编辑历史面板结合在一起。如果你不喜欢，则可以随时关闭任何一个面板的信息窗口，也可以把任何一个窗口拖放到你想要放置的位置。字幕设计器窗口的工具没有什么变化，但是字体大小、字体样式集成在中间的窗口，同时，右下的两个窗口合成了一个窗口，看起来更加方便、实用。视频压缩输出设置更加详尽，支持多种格式的视频压缩输出，可以自由地在网络、光盘上使用。图 2-4 所示为 Adobe Premiere Pro 2.0 的启动画面。

图2-4

Adobe Premiere Pro 2.0 确实给我们提供了大量的新特性，某些可能改变编辑方式的特性被应用。美中不足的是，Adobe Premiere Pro 媒体管理能力的欠缺仍是它的一个主要缺点。

2.3　Adobe Creative Suite 3与Premiere Pro CS3

Adobe Creative Suite（即 Adobe 创意套件）是 Adobe 公司出品的一个图形设计、影像编辑与网络开发的软件产品套装，其界面如图 2-5 所示。该套装包括电子文档制作软件 Adobe Acrobat、矢量动画处理软件 Adobe Flash、网页制作软件 Adobe Dreamweaver、矢量图形绘图软件 Adobe Illustrator、图像处理软件 Adobe Photoshop 和排版软件 Adobe InDesign 等产品。

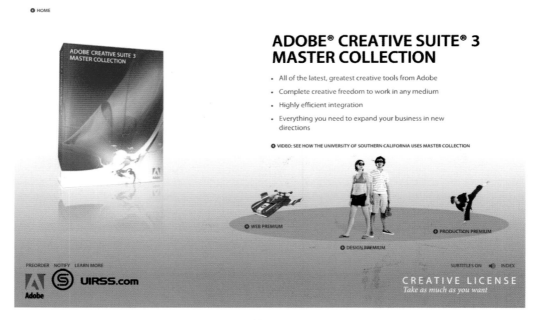

图2-5

Adobe Creative Suite 3，代号"剥香蕉"，于 2007 年 3 月 27 日发布。这个版本的 Mac 平台版本是通用二进制版本，能解决在英特尔麦金塔计算机上的本地运行问题。随着 Adobe Creative Suite 3 的发布，Adobe Production Studio 也被完全集成到 Adobe Creative Suite 产品家族中，称为 Adobe Creative Suite 3 制片增强版，并添加了 Adobe Flash。

自 2003 年秋天以来，Adobe 已经没有在苹果机平台上对视频编辑软件 Adobe Premiere Pro 进行过版本更新，Adobe Premiere Pro CS3 是此后第一款可以运行于 MAC 平台的版本。Adobe Premiere Pro CS3 和 Adobe Premiere Pro 2.0 这两个版本基本上没有什么质的差别。

Premiere Pro CS3 通过使用一个实时时间重置（time remapping）系统来实现对慢动作（slow motion）的改进。通过使用控键可对关键帧进行精确的操控，剪辑的长短也相应地在时间轴上自动地进行调整，最终视频播放速度也会跟着改变。使用这个系统还可以实现回放重播功能，Adobe Premiere Pro CS3 中可同时打开几个项目面板，这样数目庞大的文件处理工作就变得简单化——在显示的同时，你还能在核心胶片上浏览文本信息。项目内置的搜索系统会根据你键入的信息自动进行更新。使用一些新的功能可以加快编辑速度：可以在时间轴上使用某个剪辑去替换另一个剪辑，但仍保留着第一个剪辑的属性和效果设置；使用键盘快捷键移动界面上的面板；又或者无需渲染，即可在嵌套场景片断中回放音频。编辑人员可将视频导入到 Flash Professional CS3 中，视频的时间轴标记将会转换成 Flash 中的线索点（cue point）。Encore CS3 能够建成蓝线光碟项目，并且能够很快地输出此项目的 HD 和 SD 版本。项目还能以 Flash 影片的形式输出，这样就可以存储到 CD 中或是外挂到网页上。Encore CS3 也是首个能够运行在 MAC 平台的版本。

2.4 Adobe Creative Suite 4 与 Adobe Premiere Pro CS4

Adobe Creative Suite 4 简体中文版是一套终极专业创意设计软件套装。由于各组件之间紧密集成，所以有助于设计师们创建出丰富、引人入胜的内容。图 2-6 所示为 Adobe Premiere Pro CS4 的启动画面。

图2-6

Adobe Premiere Pro CS4 有较好的兼容性，且可以与 Adobe 公司推出的其他软件相互协作。在 Adobe After Effects CS4 的合成层中重新创建该剪辑的结构，然后通过 Dynamic Link 把合成层导入到时间线。在 Dynamic Link 和 After Effects 中所做的更改会自动显示在 Adobe Premiere Pro CS4 中，无需渲染。这款软件广泛应用于广告制作和电视节目制作中。

新的媒体浏览面板可以显示所有系统中加载的卷的内容。在无带化摄录机中寻找剪辑非常简单，因为媒体浏览器为你显示了剪辑，而屏蔽其他文件，并且拥有可定制的用于查看相应元数据的视窗。

可以从媒体浏览器直接在源监视器中打开剪辑，防止因修改音频滤镜为中文名时误删程序预置文件的问题。这一问题是设置安装程序指令时出现疏漏所致。在 CS4 版本中，当使用中英文模式切换工具时，如果是再次切换回中文模式，则执行切换后，仍然先运行一次程序，关闭程序，再启动切换工具，执行一次修改音频滤镜为中文名。

2.5　Premiere Pro CS4的新增功能

整个软件操作在各个环节的新增功能如下。

1. 格式支持
- 无带流程的原生编辑。

2. 发布
- 后台批量编码。
- 新的批量编码器可以自动处理同一内容的不同版本的编码。使用任意序列和剪辑的组合作为来源，可以编码为大量视频格式，并且可在后台编码时继续工作，从而大大提高工作效率。
- 带有名称/数值对的FLV/F4V队列点。
- 统一的标记对话框。
- 对移动设备输出所做的优化设置。
- DVD编著。
- 业界领先的Blu-Ray Disc编著。

3. 工具的使用
- 豪华的新软件界面。

4. 项目、序列和剪辑管理
- Rapid Find搜索，类似Vista的搜索，可在输入关键字时实时更新搜索结果。
- 媒体路径保存在项目中。
- 素材重置，当项目中的素材有更新的版本可用时，可通过重置素材来更新。
- 单个序列的导入。
- 对每个项目单独保存工作区，每个项目的工作区设置可以分别保存。
- 项目管理器中的单个序列剪切。
- 设置每个序列，更加自由地在项目中对每个序列应用不同的编辑和渲染设置。
- 工作区里的项目面板栏信息。
- 删除单个预览文件。
- 使用项目管理器存档修剪剪辑。

5. 音频控制
- 源监视器中的垂直波形缩放。
- 在源监视器中直接拖动播放波形。
- 对应离线剪辑的灵活的音频通道映射控制。

- 以仅音频或仅视频的方式重新采集A/V离线剪辑。

6. **编辑控制**

- 轨道同步锁定控制。
- 源内容控制，显示剪辑的源内容，并把通道路由到时间线中指定目的轨。根据需要切换音视频通道的开启和关闭。
- 多轨目标。
- 拖放轨目标。
- 快速进行剪辑粘贴，快速粘贴多个剪辑到时间线。播放头跳到粘贴后的剪辑结尾，随后粘贴的剪辑可以放置在它后面。
- 从时间线创建子剪辑，只要从时间线往项目面板拖放即可创建新的子剪辑。
- 效果控制目标的关键帧吸附。
- 时间线的垂直吸附。
- 复制和粘贴转场，对项目里的多个素材通过复制和粘贴来应用同样的转场。
- 前次缩放级别快捷键。
- 移除所有效果，只需一个命令即可对选定的剪辑清除所有效果。
- 预设多个效果，可把常用的效果组合保存为一个预设以便此后重复使用。
- 多个剪辑的效果，只需一个操作即可把效果应用到多个剪辑。
- 对应多个剪辑的速度/长度调整。
- 对应多个剪辑的默认转场应用。
- 对应多个剪辑的音频增益设置。

第3章
快速入门——"时尚导航"

在本章中，将对几个已有素材文件进行简单操作，制作一个短小的栏目片头，我们把它称为"时尚导航"。大家在学习的时候，不必每个设置都和操作中的一样，本章的目的是让读者在具体学习 Adobe Premiere Pro CS4 之前，先了解具体的工作流程，在后面的章节会学习到细节部分，有过这次整体观摩，便会做到心中有数。

下面开始快速了解一遍吧。

3.1 "时尚导航"之新建项目

"时尚导航"之新建项目的具体操作如下。

(1) 启动 Adobe Premiere Pro CS4，会出现一个引导对话框，选择"新建项目"这一选项，如图 3-1 所示。

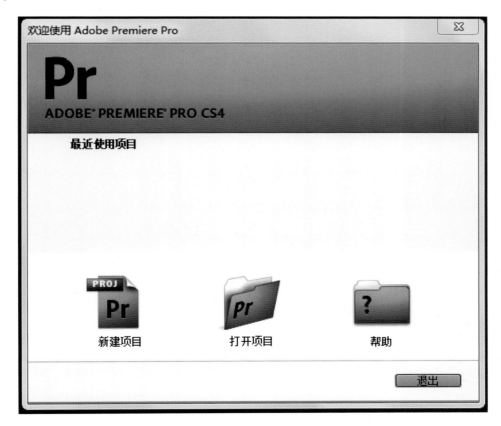

图3-1

(2)"新建项目"对话框的参数暂时保持为默认，在下方的"位置"一栏输入制作文件的储存路径；"名称"一栏可以给文件重新命名，如图 3-2 所示。

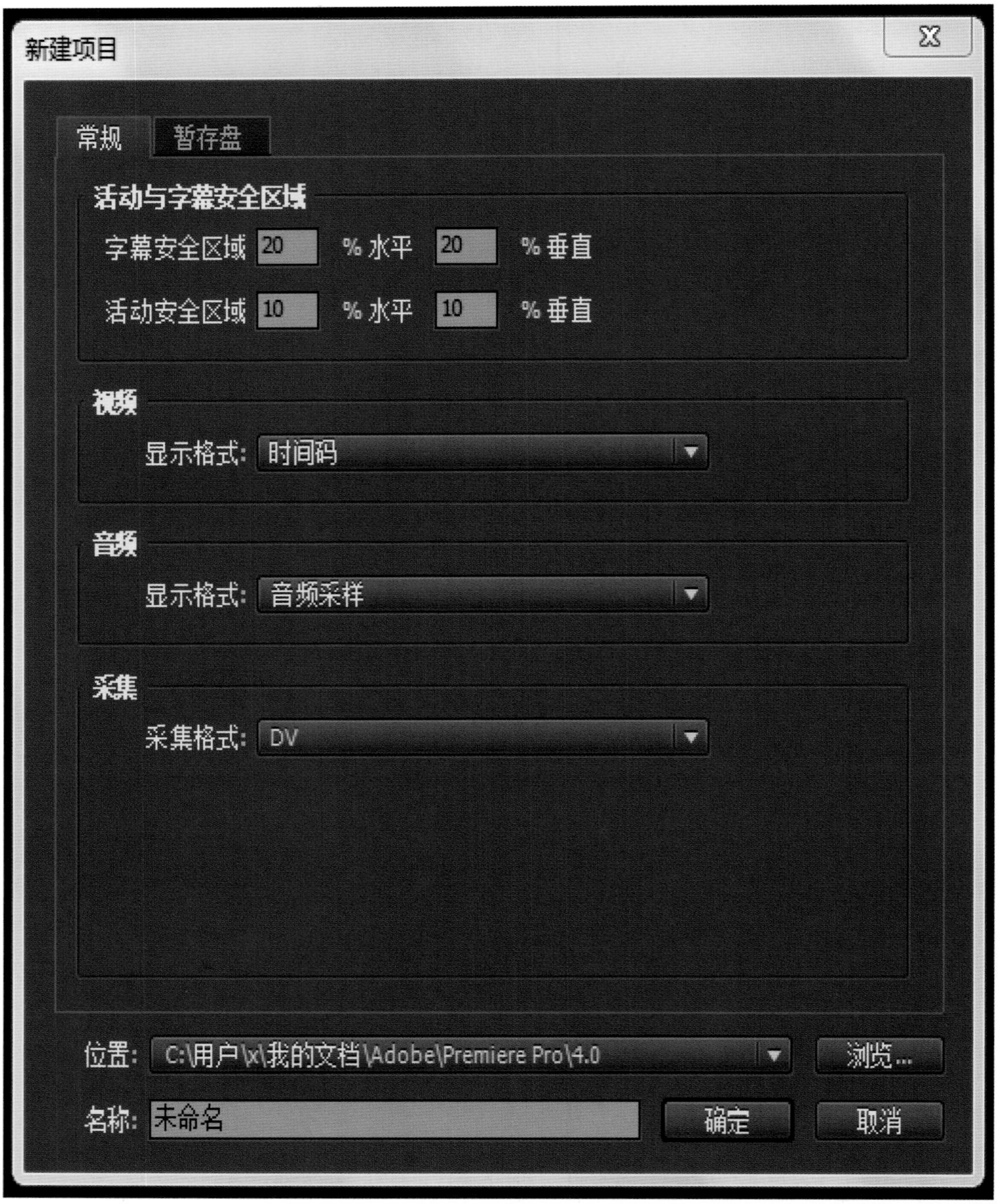

图3-2

(3) 在图 3-2 所示界面单击"确定"按钮后会接着出现"新建序列"对话框，暂时保持为默认参数，单击"确定"按钮，如图 3-3 所示。

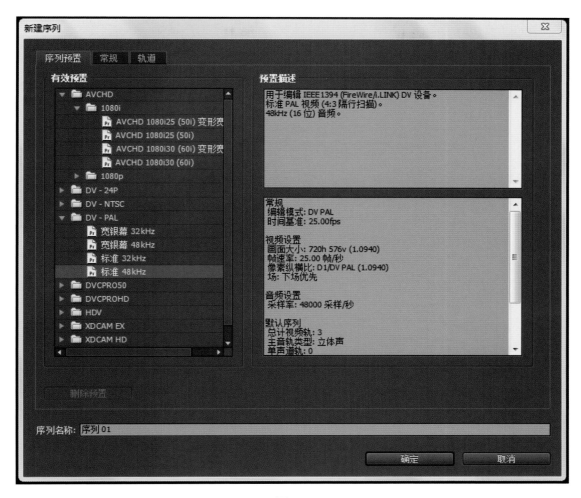

图3-3

(4) 项目新建完毕，进入默认操作界面，如图 3-4 所示。

图3-4

3.2 "时尚导航"之导入素材

"时尚导航"之导入素材的具体操作如下。

（1）使用常规的导入方式，在菜单栏单击"文件"，弹出下拉菜单，再选择"导入..."选项，如图3-5所示。在下一章节中会具体演示其他格式素材的导入方法。

图3-5

（2）在图3-5所示的对话框中找到素材存放的位置，如图3-6所示，选择所需要的素材。

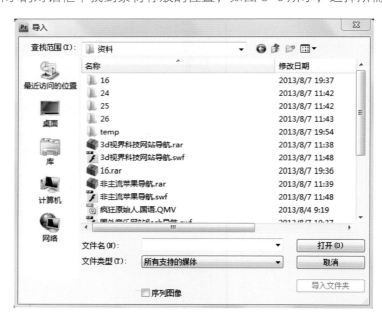

图3-6

（3）在项目窗口会看到刚才导入的三段素材，如图 3-7 所示。在这里所使用的".swf"格式的素材文件已经经过处理，所以可以直接导入，但并不是所有".swf"或".avi"格式的文件都能直接导入。

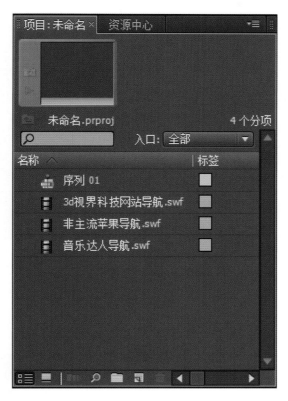

图3-7

（4）将素材文件依次拖入到时间线面板的"视频 1"轨道就可以使用了，如图 3-8 所示。

图3-8

3.3　"时尚导航"之素材的再加工

"时尚导航"之素材的再加工的具体操作如下。

（1）在监视器中可以看到素材的效果如图 3-9 所示。

图3-9

（2）为了让每段素材文件都能适应监视器窗口的尺寸，在时间线面板的每一段素材文件上单击鼠标右键，在弹出的菜单中选择"适配为当前画面大小"，如图 3-10 所示。操作完毕后的显示效果如图 3-11 所示。

图3-10

图3-11

（3）重复 3.2 节的步骤，导入音频素材并拖入时间线面板的"音频 1"轨道，如图 3-12 所示。

图3-12

（4）显然，音频文件相对于视频文件而言时间长度过长，需要把多余的部分剪掉。将时间指针移到需要剪切的时间点，用剃刀工具将音频文件剪成两段，用鼠标右键单击后面一段文件，在弹出的菜单中选择"清除"，如图 3-13 所示。剪掉多余文件后的效果如图 3-14 所示。

图3-13

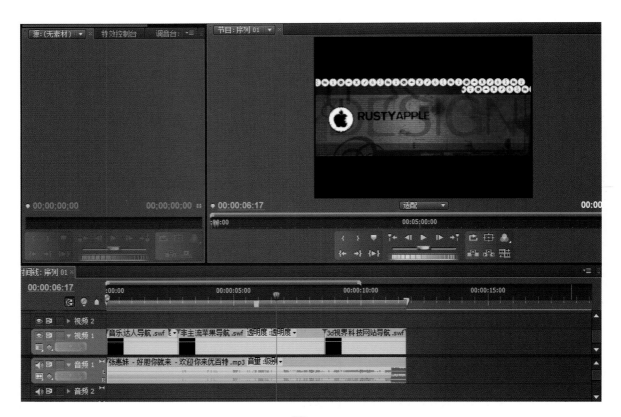

图3-14

（5）如图 3-15 所示，在轨道"视频 2"上拖入了第四条视频素材，现在来改变这个素材的时间长度。

图3-15

（6）对轨道"视频 2"上的素材单击鼠标右键，在弹出的菜单上选择"速度 / 持续时间 ..."，如图 3-16 所示，会弹出如图 3-17 所示的"素材速度 / 持续时间"对话框。

图3-16

（7）在"素材速度 / 持续时间"对话框中把"速度"项由"100%"改为"150%"，这样素材播放的速度就增加到原来的 150%，持续时间相应由 2 秒 21 帧变为 1 秒 09 帧，如图 3-18 所示。对于素材文件的编辑方式还有很多，会在后面的章节中详细介绍。

图3-17

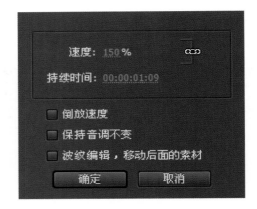

图3-18

3.4 "时尚导航"之添加字幕

由于这次要添加的字幕非常简单,这里给大家介绍一种创建字幕最简单快捷的方式。"时尚导航"之添加字幕的具体操作如下。

(1) 在项目面板的空白处单击鼠标右键,在弹出的菜单中选择"新建分项"→"字幕...",如图 3-19所示。

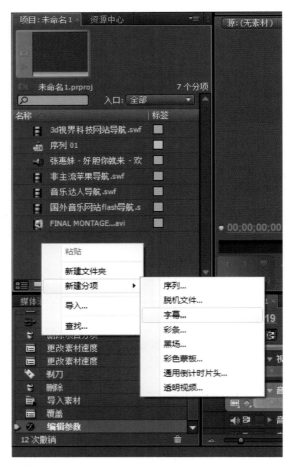

图3-19

（2）在弹出的"新建字幕"对话框中输入字幕文件的名称"时尚导航"，如图3-20所示。

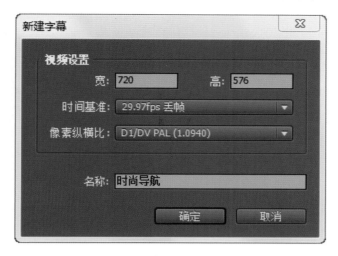

图3-20

（3）单击"确定"按钮后，会弹出一个字幕面板，选择该面板工具栏中的"文字"工具，如图3-21所示。

图3-21

（4）在面板中间的操作区域单击，然后输入"时尚导航"四个字，在"字幕属性"区域根据需要调整参数，效果如图3-22所示。

图3-22

(5) 将字体保存后，字幕文件会自动出现在项目窗口，拖入到时间线窗口后可以和其他素材文件一样使用，如图 3-23 所示。在第 8 章中会具体介绍创建字幕的方法以及字幕设计面板的操作。

图3-23

第4章
导入与管理素材

4.1 导入素材

4.1.1 支持导入的文件格式

Adobe Premiere Pro 几乎可以处理任何格式，包括对 DV、HDV、Sony XDCAM、XDCAM EX、Panasonic P2 和 AVCHD 的原生支持。

在 Adobe Premiere Pro 中，当新建了一个项目后，在项目窗口中就会出现一个空白的时间线（sequence）片段素材文件夹，我们可以导入 Adobe Premiere Pro 所支持的以下文件类型。

静态图像文件：JPEG、PSD、BMP、TIF、PCX、AI 等。

动画及序列图片文件：TGA、BMP、AI、PSD、GIF、FLI、FLC、TIP、FLM、PIC 等。

视频格式文件：AVI、MOV、Mpeg、m2v、DV、wma、wmv、asf 等。

音频格式文件：mp3、WAV、AIF、SDI 等。

4.1.2 从媒体浏览器导入文件

在项目窗口中导入素材的方法很简单，主要有以下几种。

· 选择菜单栏中的"文件"→"导入..."命令（快捷键为"Ctrl+I"），如图4-1所示。

图4-1

- 在项目窗口中的空白处双击鼠标左键，如图4-2所示。

图4-2

- 在项目窗口中的空白处单击鼠标右键，在弹出的菜单中选取"导入..."命令，如图4-3所示。

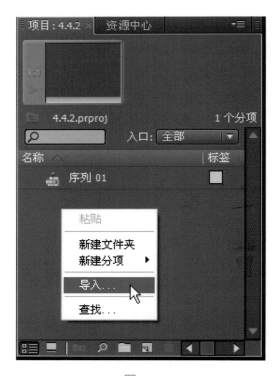

图4-3

从媒体浏览器导入文件的步骤如下。

(1) 新建一个项目，命名为"4.4.2"，如图 4-4 所示。

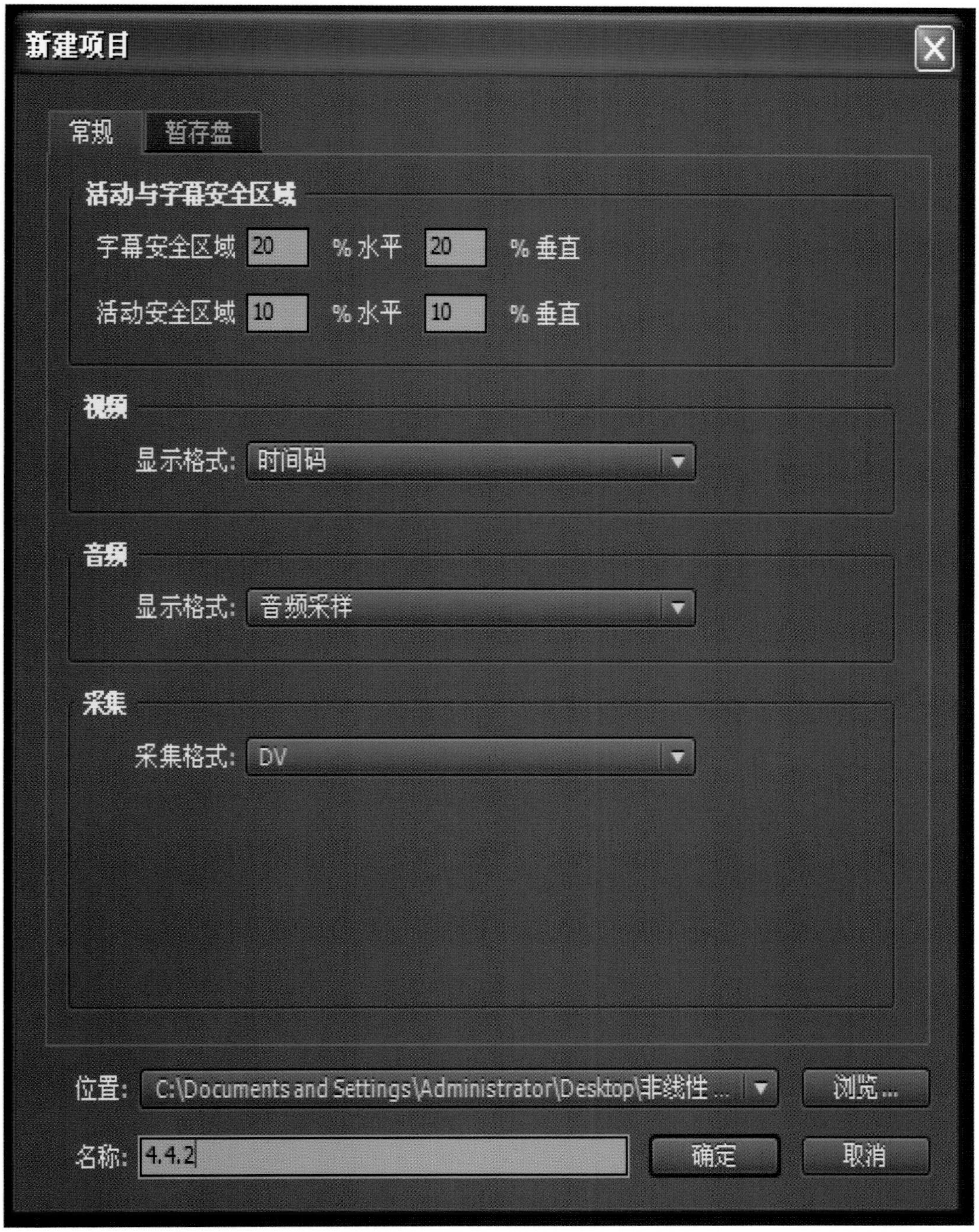

图4-4

(2) 新建一个序列，参数设置如图 4-5 所示。

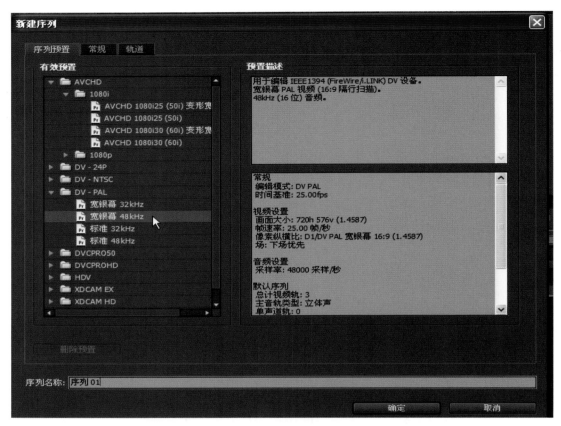

图4-5

（3）使用导入文件的第一种方法，选择菜单栏中的"文件"→"导入"命令（快捷键为"Ctrl+I"），打开媒体浏览器，找到需要导入素材的路径，如图4-6所示，用鼠标单击任意素材文件，单击"打开"按钮后即可导入。

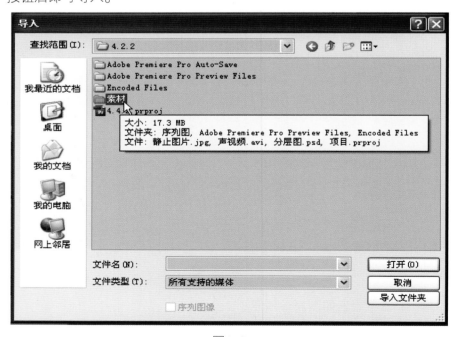

图4-6

4.1.3 导入静止图片

导入静止图片的步骤如下。

(1) 重复 4.1.2 小节的步骤，打开素材文件夹，如图 4-7 所示。

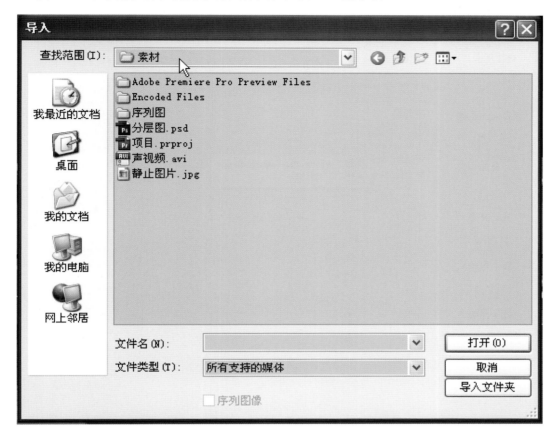

图4-7

(2) 选择"静止图片"，单击"打开"按钮，将静止图片导入到项目窗口，效果如图 4-8 所示。

图4-8

4.1.4 导入分层的Photoshop或Illustrator文件

导入分层的 Photoshop 或 Illustrator 文件的步骤如下。

(1) 重复 4.1.2 小节的步骤，打开素材文件夹，如图 4-9 所示。

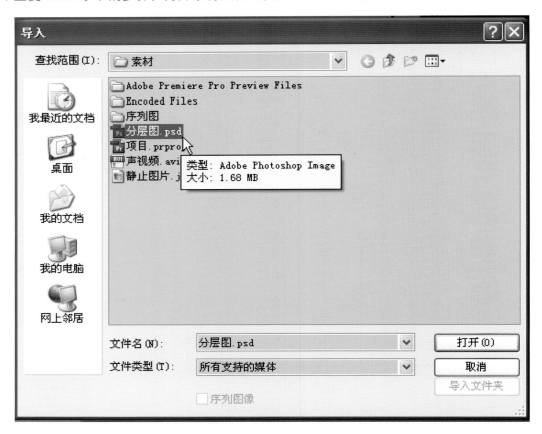

图4-9

(2) 选择"分层图"，单击"打开"按钮，出现"导入分层文件：分层图"对话框，如图 4-10 所示。

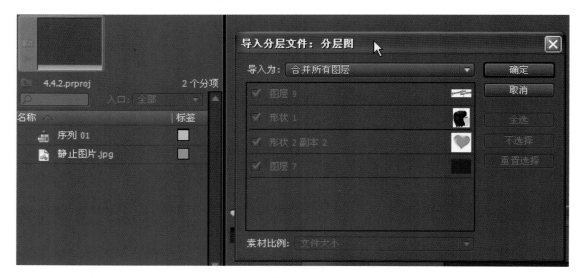

图4-10

（3）打开"导入为"下拉菜单，选择"合并所有图层"，如图 4-11 所示。

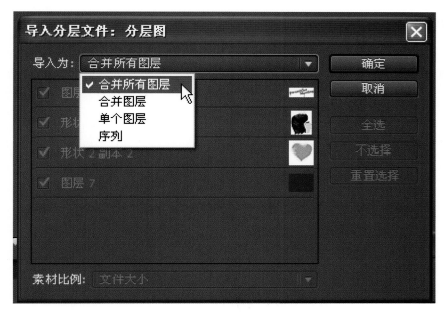

图4-11

（4）单击"确定"按钮，导入合并之后的 Photoshop 分层文件，效果如图 4-12 所示。

图4-12

4.1.5 导入图片序列

导入图片序列的步骤如下。

（1）重复 4.1.2 小节的步骤，在素材文件夹中单击"序列图"，将文件夹打开，如图 4-13 所示。

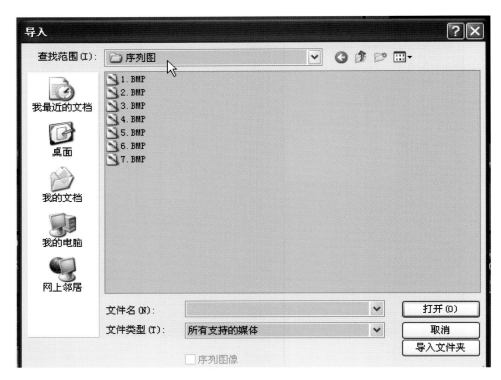

图4-13

(2) 单击"序列图"文件夹中的"1.BMP"文件，在对话框的最下方勾选"序列图像"复选项，如图 4-14 所示。

图4-14

(3) 序列图文件以视频文件的形式导入到项目窗口,以"1.BMP"命名,效果如图 4-15 所示。

图4-15

4.1.6 导入声频

导入声频的步骤如下。

(1) 重复 4.1.2 小节的步骤,打开素材文件夹,如图 4-16 所示。

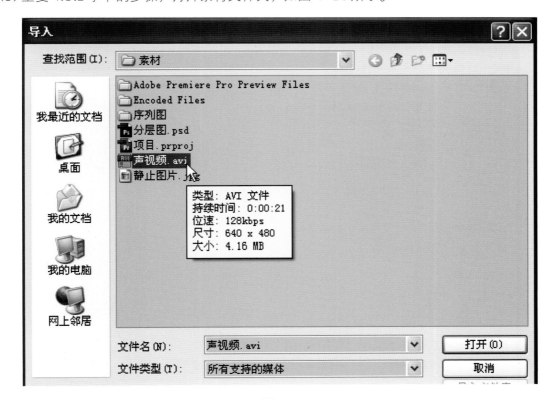

图4-16

(2) 选择"声视频 .avi"文件，单击"打开"按钮，将声视频文件导入到项目窗口，如图 4-17 所示。

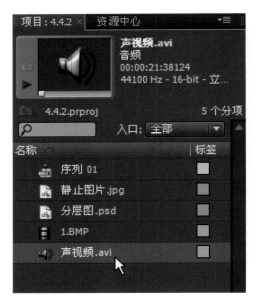

图4-17

4.1.7 导入项目文件

导入项目文件的步骤如下。

(1) 重复 4.1.2 小节的步骤，打开素材文件夹，如图 4-18 所示。

图4-18

(2)在弹出的"导入项目：项目"对话框中选择"导入完整项目"，如图4-19所示。

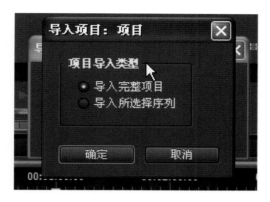

图4-19

(3)导入后在项目窗口中会出现"项目"文件夹，打开"项目"文件夹的下拉菜单，"项目"文件中包含的内容将全部显示出来，如图4-20所示。

图4-20

4.2　管理素材

4.2.1　使用素材箱（Bin）

（1）Adobe Premiere Pro有文件夹（Bin）管理功能，每个文件夹（Bin）可以存放不同类型的素材。

　　单击项目窗口下方的按钮，或者在项目窗口的空白处右击鼠标，在弹出的快捷菜单中选择"新建文件夹"命令，这样就创建了一个文件夹（Bin），如图 4-21 所示。

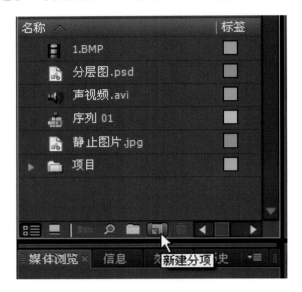

图4-21

　　新建的文件夹自动按文件夹 01、文件夹 02……的排序方式出现，如图 4-22 所示。

图4-22

　　如果要给新建立的文件夹（Bin）命名，可以在文件夹上右击鼠标，在弹出的快捷菜单中选择"重命名"命令，就可以输入新的名称了，如图 4-23 所示。

图4-23

（2）查看文件。想要查看每个素材的缩略图效果，可以在素材箱内，在任意一个素材的图片上单击鼠标右键，在左上方的素材缩略框内就可以查看到素材的效果，视音频素材还有播放或暂停效果，如图 4-24 所示。

图4-24

4.2.2 管理素材的基本方法

在项目窗口的最下方，有一排功能按钮，如图 4-25 所示。

从左到右常用的功能按钮说明如下。

图4-25

(1) 列表视图。当单击"列表视图"按钮，素材以列表的形式排出，把项目窗口拉宽的时候，可以清楚地看到每个素材的帧速率、时长等基本信息，如图 4-26 所示。

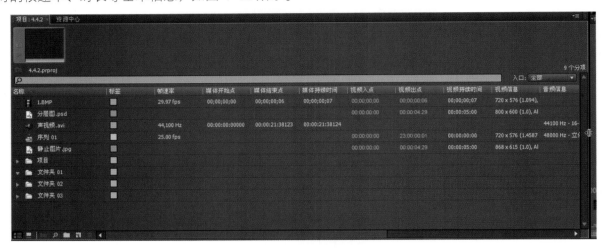

图4-26

(2) 图标视图。当单击"图标视图"按钮时，素材以缩略图的形式显示，如图 4-27 所示。

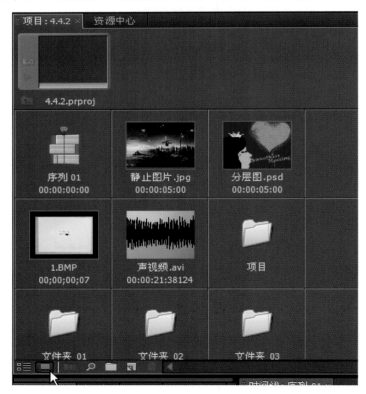

图4-27

(3) 查找。当素材过多，想要单独找出某素材的时候，单击"查找"按钮，会出现"查找"对话框，如图 4-28 所示。输入相应信息，可找出指定素材。

图4-28

(4) 新建文件夹。

(5) 新建分项。单击"新建分项"按钮，可根据需要新建 Premiere 自带素材，如图 4-29 所示。

图4-29

(6) 清除。只有选中某一素材的时候"清除"按钮才能使用，如图 4-30 所示。

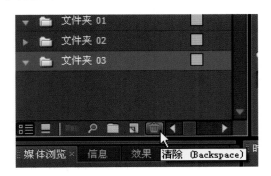

图4-30

总之，项目窗口相当于一个大仓库，我们所需要的材料和零件，都放置在里面，要组装成怎样的效果，就要看后面的操作了！

5.1 使用监视器

5.1.1 素材源监视器与节目监视器概览

监视器窗口分左、右两个视窗（监视器），如图 5-1 所示。左边是"素材源"监视器，主要用来预览或剪裁项目窗口中选中的某一原始素材。右边是"节目"监视器，主要用来预览时间线窗口序列中已经编辑的素材（影片），也是最终输出视频效果的预览窗口。

图5-1

素材源监视器的上面部分是素材名称。按下右上角三角按钮，会弹出快捷菜单，包括关于素材窗口的所有设置，可以根据项目的不同要求以及编辑的需求对素材源窗口进行模式选择，如图 5-2 所示。

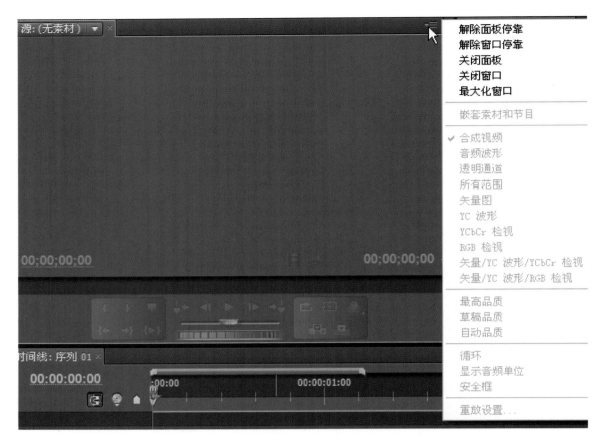

图5-2

　　窗口的中间部分是监视器。要在监视器的素材窗口中预览素材，可以通过以下几种方式实现。

　　方法一：在项目窗口中选中素材，按住鼠标左键不放并将它拖放到双显视频的左边窗口，这时，原来的空白屏幕范围内就出现了素材的预览画面，如图 5-3 所示。

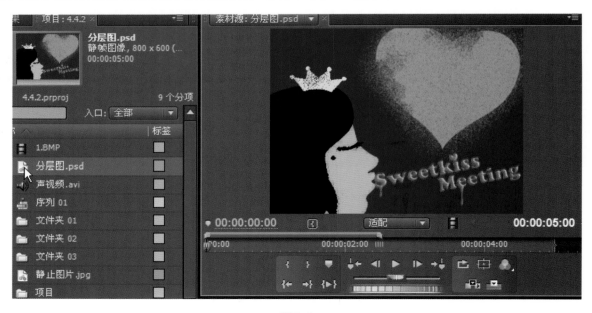

图5-3

方法二：在项目窗口中用鼠标左键双击素材名称或图标，即可在监视器窗口中出现素材的预览画面。

方法三：在时间线窗口中用鼠标左键双击素材，也可在监视器窗口中打开源素材。

方法四：监视器中的素材窗口可以同时载入多个素材片段，如果预览其中的某个素材，则直接打开素材窗口上方的三角形按钮，在出现的下拉菜单中选择要预览的素材名称即可。

显示框下方分别是素材时间编辑滑块位置时间码、窗口比例选择、素材总长度时间码显示。下边是时间标尺、时间标尺缩放器及时间编辑滑块，如图5-4所示。

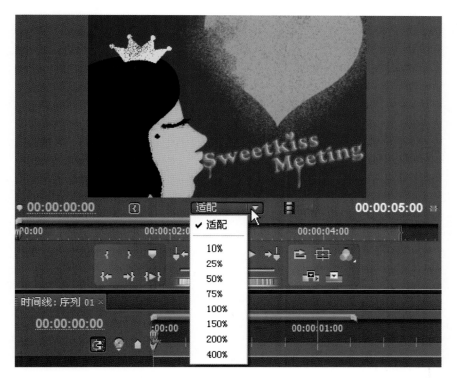

图5-4

监视器最下方是控制器及功能按钮。其左边有"设置入点"（ ）、"设置出点"（ ）、"设置未编号标记"（ ）、"跳转到入点"（ ）、"跳到转出点"（ ）、"播放入点到出点"（ ）等按钮，如图5-5所示。

图5-5

图5-6

图5-7

其右边有"循环"（ ）、"安全框"（ ）、"输出"（包括下拉菜单）（ ）、"插入"（ ）、"覆盖"（ ）等按钮，如图5-6所示。

其中间有"跳转到前一标记"（ ）、"步退"（ ）、"播放（或停止）"（ ）、"步进"

（ ▶ ）、"跳转到下一标记"（ →↓ ）按钮，还有"飞梭"（快速搜索）（ ▬▬▬▬ ）和"微调"
（ ▬▬▬▬ ）工具，如图 5-7 所示。

节目监视器有很多地方与素材监视器相类似或相近。节目监视器控制器用来预览时间线窗口选中的序列，为其设置标记或指定入点和出点以确定添加或删除的部分帧，如图 5-8 所示。

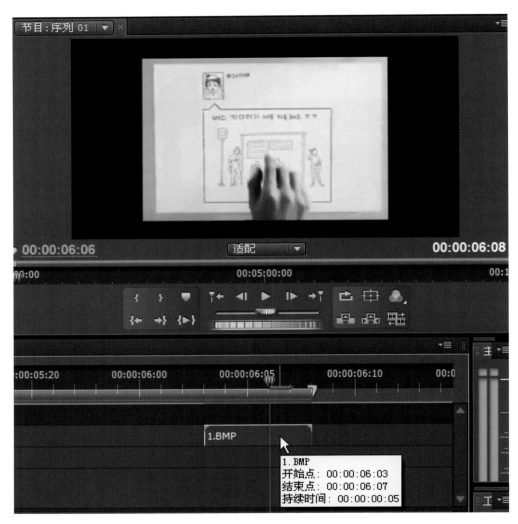

图5-8

右下方还有"提升""提取"按钮用来删除序列选中的部分内容，而修整监视器用来调整序列中编辑点位置，如图 5-9 所示。

图5-9

5.1.2　监视器面板的时间控制

监视器拥有数个用于跳转剪辑的时间（或帧）的控件。节目监视器包含用于在序列中跳转的类似控件，如图 5-10 所示。

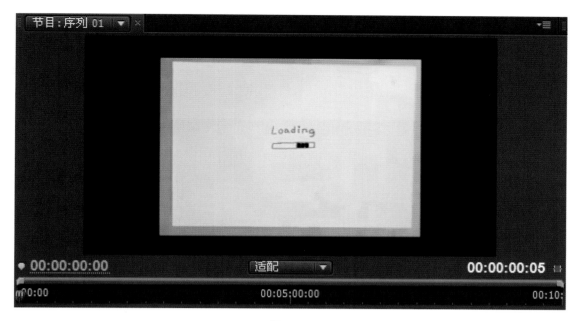

图5-10

1. 当前时间显示

显示当前帧的时间码。当前时间显示在每个监视器视频的左下方。源监视器显示打开剪辑的当前时间。移动到不同的时间可显示素材不同时间段的画面；可选择在显示画面中单击并输入新的时间，或者将指针置于时间显示的上方并向左或右拖动，如图 5-11 所示。

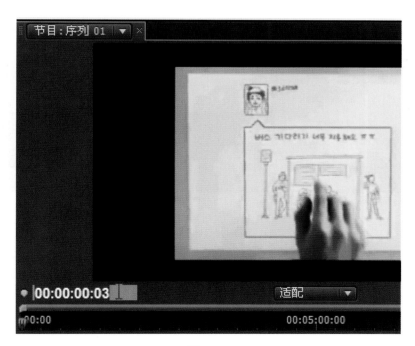

图5-11

要在完整时间码和帧计数显示之间切换，可在按"Ctrl"键的同时单击（Windows）或按

"Command" 键的同时单击（MAC OS）任一监视器或 "时间轴" 面板中的当前时间。

2. 播放指示器

在每个监视器的时间标尺中显示当前帧的位置，如图 5-12 所示。

图5-12

3. 缩放滚动条

缩放滚动条与每个监视器中的时间标尺的可见区域对应，如图 5-13 所示。可拖动手柄更改滚动条的宽度并更改下面时间标尺的刻度。将滚动条扩展至其最大宽度并显示时间标尺的整个持续时间。可将滚动条收缩进行放大，从而显示更加详细的标尺视图。扩展和收缩滚动条的操作均以播放指示器为中心。

图5-13

通过将鼠标置于滚动条的上方，可使用鼠标滚轮来收缩和扩展滚动条。也可在滚动条以外的区域滚动鼠标滚轮，同样可以进行扩展和收缩操作。

通过拖动滚动条的中心，可以滚动时间标尺的可见部分，而无需更改其比例。当拖动滚动条时不会移动播放指示器，但是，可先移动滚动条，然后在时间标尺中单击，从而将播放指示器移动至和滚动条一样的区域。

"时间轴" 中也可缩放滚动条。

4. 时间标尺

如图5-14所示，时间标尺用来显示源监视器中的剪辑以及节目监视器中序列的持续时间。刻度标记使用在"项目设置"对话框中指定的视频显示格式来测量时间。可以切换各时间标尺，以显示其他格式的时间码。每个标尺还显示其对应监视器的标记以及入点和出点的图标。可通过在时间标尺中拖动播放指示器、标记和入点及出点的图标来调整它们。

图5-14

默认情况下，不显示时间标尺数字。通过在源监视器或节目监视器的面板菜单中选择"时间标尺数字"，可打开时间标尺数字。

5. 持续时间显示

如图5-15所示，持续时间是指剪辑或序列的入点和出点之间的时差。如果未设置入点，则将替换剪辑或序列的开始时间。

图5-15

如果未设置出点，则源监视器将使用剪辑的结束时间来计算持续时间。节目监视器使用序列中最后一个剪辑的结束时间来计算持续时间。

5.1.3 在监视器面板中显示安全区域

如图5-16所示，可以在"监视器"面板中查看安全区域边距（参考线），以确定项目中的任何文本或对象是否位于安全区域之外。如果文本或对象位于安全区域之外，则可能会在播放某些画面时产生截断。安全区域边距仅供参考，预览或导出时将不包括此边距。

图5-16

标准动作安全边距和字幕安全边距分别为 10% 和 20%。但是，可以在"项目设置"对话框中更改安全区域的尺寸。

5.1.4 选择显示模式

Adobe Premiere Pro 中的监视器窗口有三种显示模式，即单显、双显和修改模式，分别如图 5-17 至图 5-19 所示。

图5-17

图5-18

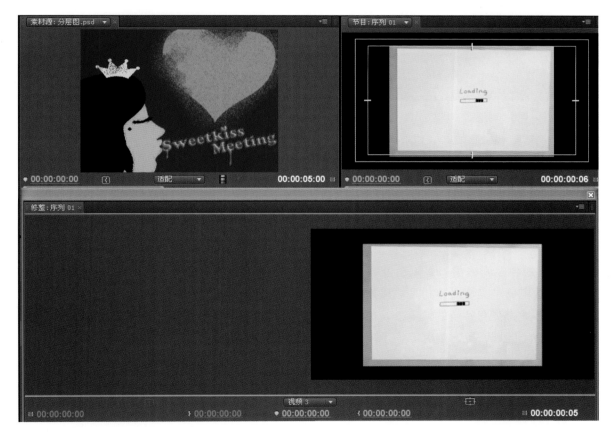

图5-19

5.1.5 播放素材和节目

要预览制作的某个效果时，可以直接在时间线窗口中拖动时间线标尺，这样在监视器窗口中就会出现刚才制作的画面效果，如图 5-20 所示。

图5-20

另外，还可以通过单击监视器窗口的播放按钮实时预览编辑后的效果。

5.2 使用时间线

5.2.1 时间线面板

图 5-21 所示时间线窗口是以轨道的方式实施视、音频组接编辑素材的阵地，大部分编辑工作都需要在时间线窗口中完成。素材片段按照播放时间的先后顺序及合成的先后层顺序在时间线上从左至右、由上及下地排列在各自的轨道上，可以使用各种编辑工具对这些素材进行编辑操作。时间线窗口分为上、下两个区域，上方为时间显示区，下方为轨道区。

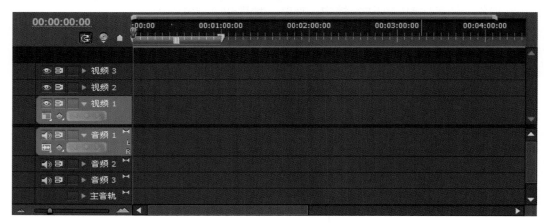

图5-21

图 5-22 所示时间显示区域是时间线窗口工作的基准，承担着指示时间的任务。它包括时间标尺、时间编辑线滑块及工作区域。左上方的时间码显示的是时间编辑线滑块所处的位置。

图5-22

单击时间码，可以输入时间，使时间编辑线滑块自动停到指定的时间位置；也可以在时间栏中按鼠标左键并水平拖动鼠标来改变时间，确定时间编辑线滑块的位置。

时间码下方有"吸附"图标按钮（默认被激活），在时间线窗口轨道中移动素材片段的时候，可使素材片段边缘自动吸引对齐。此外，还有"设置 Encore 章节标记"和"设置未编号标记"图标按钮。

时间标尺用于显示序列的时间，其时间单位以项目设置中的时基设置（一般为时间码）为准。时间标尺上的编辑线用于定义序列的时间，拖动时间编辑线滑块可以在节目监视器窗口中浏览影片内容。

时间标尺上方的标尺缩放条工具和窗口下方的缩放滑块工具效果相同，都可以控制标尺精度，改变时间单位，如图 5-23 所示。

图5-23

标尺下方是工作区控制条，它确定了序列的工作区域，在预演和渲染影片的时候，一般都要指定工作区域，控制影片输出范围。

5.2.2　时间线面板基本控制

轨道区如图 5-24 所示。轨道是用来放置和编辑视、音频素材的地方。用户可以对现有的轨道进行添加和删除操作，还可以对它们进行锁定、隐藏、扩展和收缩等操作。

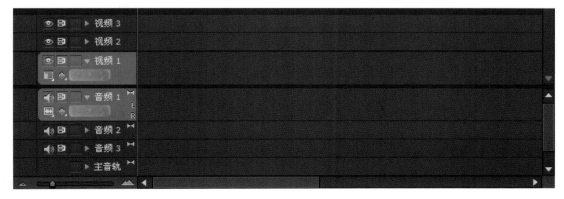

图5-24

　　轨道的左侧是轨道控制面板，里面的按钮可以对轨道进行相关的控制设置。它们分别是"切换轨道输出"按钮、"切换同步锁定"按钮、"设置显示样式（及下拉菜单）"按钮、"显示关键帧（及下拉菜单）"按钮，还有"到前一关键帧"和"到后一关键帧"按钮，如图5-25所示。

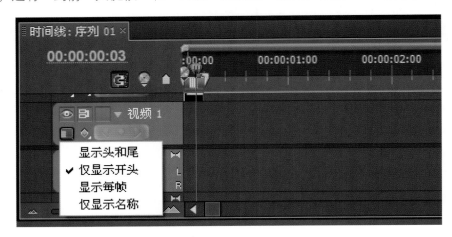

图5-25

　　轨道区右侧上半部分是三条视频轨，下半部分是三条音频轨。在轨道上可以放置视、音频等素材片段。在轨道的空白处单击右键，在弹出的菜单中可以选择"添加轨道…""删除轨道…"命令来实现轨道的增减，如图5-26所示。

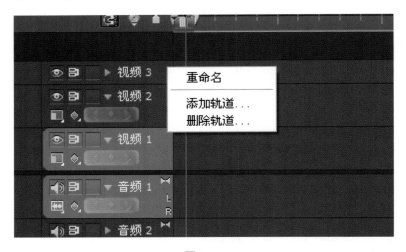

图5-26

5.3　轨道控制

5.3.1　使用同步锁定

　　在时间线窗口中导入一段带有视频和音频的素材，选中该素材并拖动它，会发现视频和音频始终是作为一个整体在移动的，这说明，它的视频和音频之间是相关的，如图5-27所示。

图5-27

在编辑过程中，有时需要把导入素材的视频和音频分开，或者把原本不相干的视频和音频关联在一起，这时就需要进行分开和关联操作。

如果要进行分开操作，可选中素材，然后选择菜单栏中的"素材"→"解除视音频链接"命令。此时再拖动其中的视频和音频素材，会发现它们是可以单独移动了，如图5-28所示。

图5-28

5.3.2 隐藏与锁定轨道

1. 隐藏轨道中的素材

在节目窗口中，一般会显示序列轨道上所有素材的合成效果，如图 5-29 所示。如果需要隐藏某个轨道中的素材显示，则只需要把该轨道前的类似眼睛的一个按钮关闭即可，如图 5-30 所示。

图5-29

图5-30

2.锁定轨道

为了方便操作，有时候会锁定某轨道素材，使其避免不必要操作造成的失误。单击该轨道前的锁形按钮，即可锁定，效果如图 5-31 所示。

图5-31

5.4　在序列中编辑素材

5.4.1　选择素材片段的基本方法

选择素材片段的方法有以下几种。

（1）在时间线调板中编辑素材片段之前，首先需要将其选中。 使用选择工具单击素材片段，可以将其选中，按 "Alt" 键，点击链接片段的视频或音频部分，可以单独选中点击的部分。

（2）如果要选择多个素材片段，则按 "Shift" 键，使用选择工具逐个点击欲选择的素材片段，或者使用选择工具拖曳出一个区域，可以将区域范围内的素材片段选中。

（3）使用轨道选择工具，点击轨道上某一素材片段，可以选择此素材片段及同一轨道上其后的所有素材片段，如图 5-32 所示。

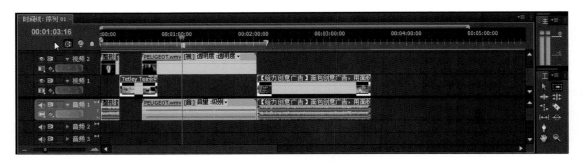

图5-32

按"Alt"键，使用轨道选择工具点击轨道中链接的素材片段，可以单独选择其视频轨道或音频轨道上的部分。

按"Shift"键，使用轨道选择工具点击不同轨道上的素材片段，可以选择多个轨道上所需的素材片段。

选择素材片段的方法有多种，应根据实际情况，使用最简捷的方法。

5.4.2　素材片段的复制与粘贴

使用菜单栏下的"编辑"→"剪切""复制""粘贴""清除"命令，可以对素材片段进行剪切、复制、粘贴及清除的操作，其对应的快捷键分别为"Ctrl+X""Ctrl+C""Ctrl+V"和"Backspace"。复制后的素材片段将保留各属性的值和关键帧，以及入点和出点的位置，并保持原有的排列顺序。

5.4.3　素材片段的分割与伸展

(1) 如果需要对一个素材片段进行不同的操作或施加不同的效果，可以先将素材片段进行分割。

使用剃刀工具，点击素材片段上欲进行分割的点，可以从此点将素材片段一分为二，如图 5-33 所示。

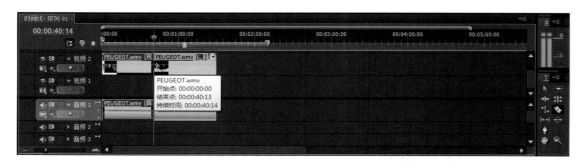

图5-33

按"Alt"键，使用剃刀工具点击链接的素材片段上某一点，则仅对点击的视频或音频部分进行分割。

按"Shift"键，点击素材片段上某一点，可以以此点将所有未锁定轨道上的素材片段进行分割。

使用菜单栏下的"序列"→"应用剃刀于当前时间标示点"命令或按快捷键"Ctrl+K"，可以以时间指针所在位置为分割点，将未锁定轨道上穿过此位置的所有素材片段进行分割。操作如图 5-34 所示，效果如图 5-35 所示。

图5-34

图5-35

（2）使用速率伸展工具对素材片段的入点或出点进行拖曳，可以更改素材片段的播放速率和持续时间。

使用菜单栏下的"素材"→"速度 / 持续时间"命令或按快捷键"Ctrl+R"（见图 5-36），可以在调出的"素材速度 / 持续时间"对话框中对该素材片段的播放速率和持续时间进行精确的调节，如图 5-37 所示。对于同一个素材片段，其播放速率越快，持续时间越短，反之亦然。

图5-36

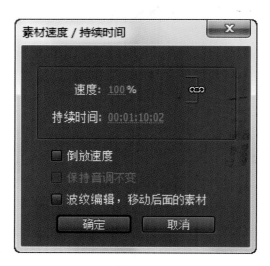

图5-37

还可以通过勾选"倒放速度"，将素材片段的帧顺序进行反转，如图5-38所示。

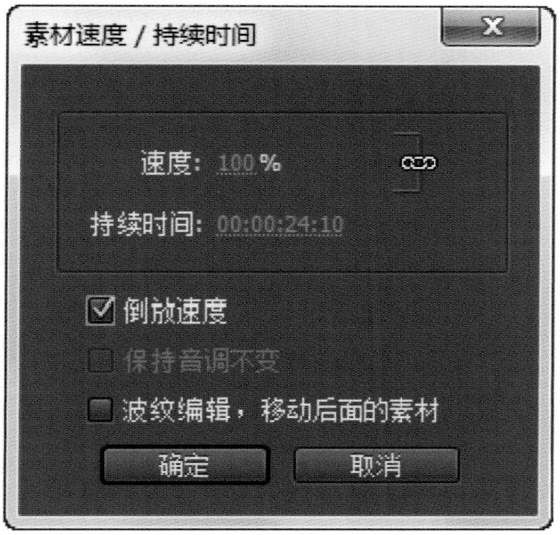

图5-38

5.4.4 素材片段的编组与解组

（1）想让若干个素材在轨道上同步移动，可以进行编组操作。同时选中需要编组的素材，单击鼠标右键，在弹出的菜单中选择"编组"，如图5-39所示。操作后，刚才选中的素材就可以同步移动。

图5-39

（2）要想取消刚才的操作，可以在改组素材上单击鼠标右键，在弹出的菜单中选择"取消编组"即可，如图 5-40 所示。

图5-40

6.1　添加转场的基本流程及方法

6.1.1　添加转场的基本流程

Adobe Premiere Pro 共提供了 70 多种视频转场效果，它们被分类保存在 11 个文件夹中，如图 6-1 所示。

图6-1

添加视频转场效果的步骤如下。

(1)选择菜单栏下的"窗口"→"效果"命令(快捷键为"Shift+7")，打开"效果"面板，如图 6-2 所示。

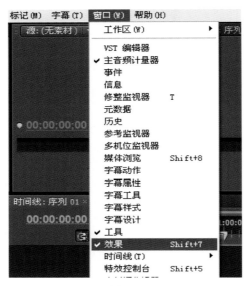

图6-2

(2) 单击"效果"面板中的"视频切换"文件夹，将会展开视频转场的分类列表；通过单击某一类文件夹左侧的展开图标，即可打开当前文件夹下的所有转场，如图6-3所示。

图6-3

（3）选中所需的转场，将它拖放到时间线窗口中两个视频素材相交的位置，在添加了转场的素材起始端或末尾端就会出现一段转场标记，转场就添加到素材上了，如图 6-4 所示。

图6-4

要删除不需要的视频转场，只需在转场标记上单击鼠标左键，然后直接按键盘上的"Delete"键即可。

6.1.2　转场面板的使用

将时间指针在加入到时间线窗口中的转场处来回拖动，可以看到转场效果。如果需要进一步精确调整转场效果，则可以打开"特效控制台"窗口，显示转场面板，如图 6-5 所示，可以对转场效果的时长、样式、是否显示素材、是否反转等选项进行操作。

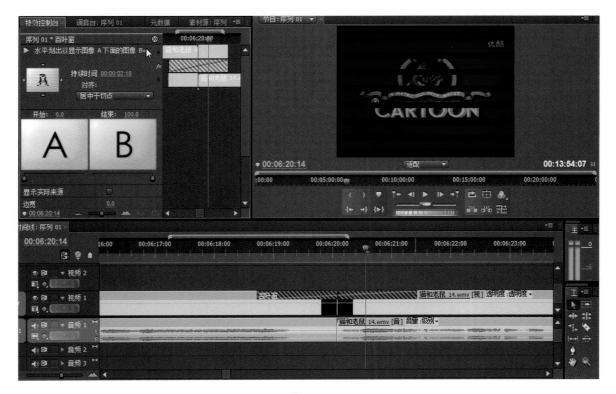

图6-5

6.2 转场类型与效果

6.2.1 3D运动类视频转场

3D 运动类视频转场效果是将前后两个镜头进行层次化，实现从二维到三维的视觉效果，该类转场节奏比较快，能够表现出场景之间的动感过渡效果，它包括 10 种转场效果，分别为"向上折叠""帘式""摆入""摆出""旋转""旋转离开""立方体旋转""筋斗过渡""翻转"和"门"视频转场。

1."向上折叠"视频转场效果

将素材 A 的场景像折纸一样折叠成素材 B 的场景，如图 6-6 所示。

图6-6

2."帘式"视频转场效果

素材 A 像窗帘一样从两边被卷起，露出素材 B 的场景，如图 6-7 所示。

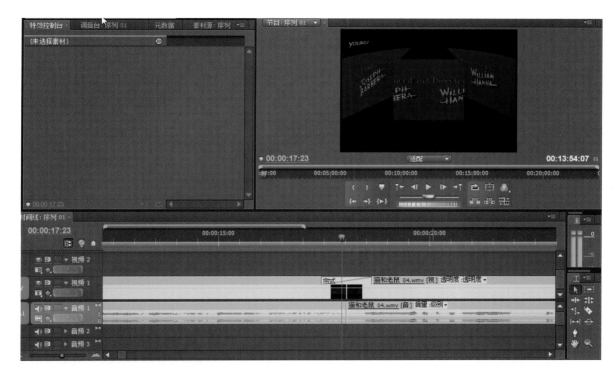

图6-7

3. "摆入"视频转场效果

素材 B 以屏幕的一边为中心旋转，像摆锤一样从里面摆入，取代素材 A 的场景，如图 6-8 所示。

图6-8

4. "摆出"视频转场效果

素材 B 以屏幕的一边为中心旋转，像摆锤一样从外面摆出，取代素材 A 的场景。

5. "旋转"视频转场效果

素材 B 以画面的中线为轴旋转出现，取代素材 A 的场景。

6. "旋转离开"视频转场效果

将素材 B 从屏幕中心逐渐旋转进入，直到覆盖素材 A 的场景，如图 6-9 所示。

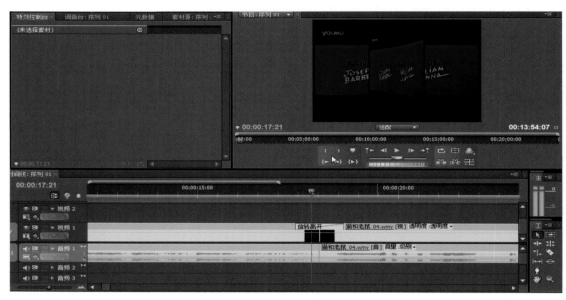

图6-9

7. "立方体旋转"视频转场效果

将素材 A 与素材 B 的场景作为立方体的两个面，通过旋转该立方体将素材 B 逐渐显示出来，如图 6-10 所示。

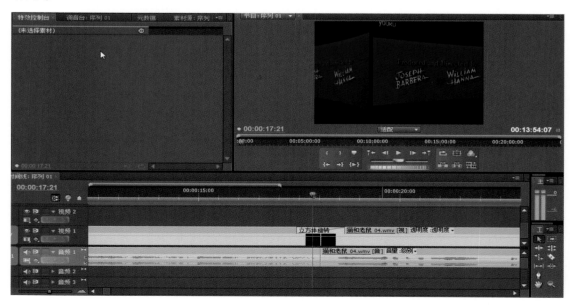

图6-10

8. "筋斗过渡"视频转场效果

素材 A 的场景像翻筋斗一样翻出，显现出素材 B 的场景。

9. "翻转"视频转场效果

将素材 A 的场景与素材 B 的场景作为一张纸的正反面，通过翻转的方法实现两个场景的切换，如图 6-11 所示。

图6-11

10. "门"视频转场效果

素材 B 的场景像关门一样从两边出现，取代素材 A 的场景，如图 6-12 所示。

图6-12

6.2.2 伸展类视频转场

伸展类视频转场效果主要以素材的伸展来切换场景，该类型包括 4 种视频转场效果，分别为"交叉伸展""伸展""伸展覆盖"和"伸展进入"视频转场。

1. "交叉伸展"视频转场效果

素材 B 的场景从一个边进入，将素材 A 的场景挤压出屏幕，从而呈现出素材 B 的场景，如图 6-13 所示。

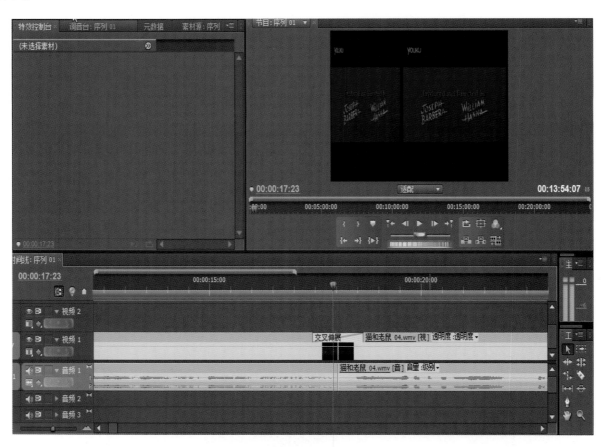

图6-13

2. "伸展"视频转场效果

素材 B 的场景从一边以伸缩状展开，从而覆盖素材 A 的场景。

3. "伸展覆盖"视频转场效果

素材 B 的场景在素材 A 的场景中心横向伸展开来。

4. "伸展进入"视频转场效果

素材 B 的场景从屏幕中心横向放大展开，从而覆盖素材 A 的场景，如图 6-14 所示。

图6-14

6.2.3 划像类视频转场

划像类视频转场效果是在一个场景结束的同时开始另一个场景，该类型包括 7 种视频转场效果，分别是"划像交叉""划像形状""圆划像""星形划像""点划像""盒形划像"和"菱形划像"转场效果。该类转场节奏较快，适合表现一些娱乐、休闲画面之间的过渡效果。

1."划像交叉"视频转场效果

素材 B 的场景以十字形在素材 A 的场景中逐渐展开，如图 6-15 所示。

图6-15

2. "划像形状" 视频转场效果

素材 B 的场景以自定义的形状（划像形状设置对话框如图 6-16 所示）在素材 A 的场景中逐渐展开。

图6-16

3. "圆划像" 视频转场效果

素材 B 的场景以圆形在素材 A 的场景中逐渐展开，如图 6-17 所示。

图6-17

4."星形划像"视频转场效果

素材B的场景以五角星的形状在素材A的场景中逐渐展开。

5."点划像"视频转场效果

素材B的场景以X形状从屏幕四边向中心移动，逐渐遮盖住素材A的场景。

6."盒形划像"视频转场效果

素材B的场景以矩形的形状从中心由小变大，逐渐覆盖素材A的场景。

7."菱形划像"视频转场效果

素材B的场景以菱形在素材A的场景中逐渐展开，如图6-18所示。

图6-18

6.2.4　卷页类视频转场

卷页类视频转场效果一般应用在表现空间和时间切换的镜头上，该类型包括5种视频转场效果，分别是"中心剥落""剥开背面""卷走""翻页"和"页面剥落"场景效果。

1."中心剥落"视频转场效果

素材A的场景从屏幕的中心分割成4部分，同时向4个角卷起，从而呈现素材B的场景，如图6-19所示。

图6-19

2.“剥开背面”视频转场效果

将素材 A 的场景从中心点分割成 4 部分，然后从左上角开始以顺时针方向依次向 4 个角卷起，最后呈现出素材 B 的场景。

3.“卷走”视频转场效果

素材 A 的场景从一侧模拟纸张卷起的效果，逐渐呈现素材 B 的场景，卷起时背面透明，如图 6-20 所示。

图6-20

4. "翻页"视频转场效果

素材A的场景以翻页的形式，从屏幕的任意一角卷起，从而呈现素材B的场景，卷起时背面透明。

5. "页面剥落"视频转场效果

素材A的场景以翻页的形式，从屏幕的任意一角卷起，从而呈现素材B的场景，卷起时背面不透明。

6.2.5 叠化类视频转场

叠化类视频转场效果表现了前一段视频剪辑融化消失，后一个视频剪辑同时出现的效果，它节奏较慢，适用于时间或空间的转换，是视频剪辑中最常用的一种转场效果。该转场类型包括7种视频转场效果，分别是"交叉叠化""抖动溶解""白场过渡""附加叠化""随机反相""非附加叠化"和"黑场过渡"转场效果。

1. "交叉叠化"视频转场效果

素材A的场景结尾与素材B的开始部分交叉叠加，然后逐渐显示出素材B的场景，如图6-21所示。

图6-21

2. "抖动溶解"视频转场效果

素材A的场景以颗粒状溶解到素材B的场景中，从而显示出素材B的场景。

3. "白场过渡"视频转场效果

素材A的场景逐渐变为白色场景，再由白色场景逐渐变换为素材B的场景，如图6-22所示。

图6-22

4. "附加叠化" 视频转场效果

素材 A 的场景结尾与素材 B 的开始部分交叉叠加，然后逐渐显示出素材 B 的场景，过渡的中间会有一些色彩亮度的变换。

5. "随机反相" 视频转场效果

素材 A 的场景以随机反色的形式显示直到消失，然后逐渐显示出素材 B 的场景。

6. "非附加叠化" 视频转场效果

素材 A 的场景向素材 B 过渡时，素材 B 的场景中亮度较高的部分直接叠加到素材 A 的场景中，从而完全显示出素材 B 的场景。

7. "黑场过渡" 视频转场效果

素材 A 的场景逐渐变为黑色场景，再由黑色场景逐渐变换为素材 B 的场景，如图 6-23 所示。

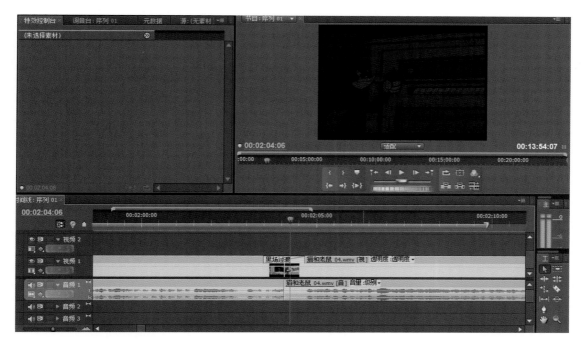

图6-23

6.2.6　擦除类视频转场

擦除类视频转场效果是将两个场景设置为相互擦拭的效果，该类型包括 17 种视频转场效果。

1."双侧平推门"视频转场效果

素材 A 的场景以门的方式从中线向两边推开，显示出素材 B 的场景，如图 6-24 所示。

图6-24

2."带状擦除"视频转场效果

素材 B 的场景以水平、垂直或对角线呈带状逐渐擦除素材 A 的场景，如图 6-25 所示。

图6-25

3."径向划变"视频转场效果

素材 B 的场景从一角进入，像扇子一样逐渐将素材 A 的场景覆盖，如图 6-26 所示。

图6-26

4. "插入"视频转场效果

素材 B 的场景呈方形从素材 A 的场景一角插入，并逐渐取代素材 A 的场景，如图 6-27 所示。

图6-27

5. "擦除"视频转场效果

素材 B 的场景从素材 A 的场景一侧进入，并逐渐取代素材 A 的场景。

6. "时钟式划变"视频转场效果

素材 B 的场景按顺时针方向以旋转方式将素材 A 的场景完全擦除，如图 6-28 所示。

图6-28

7.“棋盘”视频转场效果

素材 B 的场景以小方块的形式出现，逐渐覆盖素材 A 的场景。

8.“棋盘划变”视频转场效果

素材 B 的场景分割成多个方块，以方格的形式将素材 A 的场景完全擦除。

9.“楔形划变”视频转场效果

素材 B 的场景从素材 A 的场景中心以楔形旋转展开，逐渐覆盖素材 A 的场景。

10.“水波块”视频转场效果

素材 B 的场景以 Z 形擦除扫过素材 A 的场景，逐渐将素材 A 的场景覆盖，如图 6-29 所示。

图6-29

11.“油漆飞溅”视频转场效果

素材 B 的场景以泼溅油漆的方式进入，逐渐覆盖素材 A 的场景。

12.“渐变擦除”视频转场效果

素材 B 的场景依据所选的图形作为渐变过渡的形式逐渐出现，覆盖素材 A 的场景，可以通过选择不同的灰度图像自定义转场方式，如图 6-30 所示。

图6-30

13. "百叶窗"视频转场效果

素材 B 的场景以百叶窗的形式出现，逐渐覆盖素材 A 的场景。

14. "螺旋框"视频转场效果

素材 B 的场景以旋转方形的形式出现，逐渐覆盖素材 A 的场景。

15. "随机块"视频转场效果

素材 B 的场景以随机小方块的形式出现，逐渐覆盖素材 A 的场景。

16. "随机擦除"视频转场效果

素材 B 的场景以随机小方块的形式出现，可以从上到下或从左到右逐渐将素材 A 的场景擦除。

17. "风车"视频转场效果

素材 B 的场景以旋转风车的形式出现，逐渐覆盖素材 A 的场景，如图 6-31 所示。

图6-31

6.2.7 映射类视频转场

映射类视频转场效果主要是通过混色原理和通道叠加来实现两个场景的切换，该类型包括以下两种视频转场效果。

1. "明亮度映射"视频转场效果

通过混色原理，将素材 A 的亮度值映射到素材 B 的场景中。

2. "通道映射"视频转场效果

通过素材 A 与素材 B 两个场景通道的叠加来完成画面的切换。

6.2.8 滑动类视频转场

滑动类视频转场效果主要通过滑动来实现两个场景的切换，该类型包括 12 种视频转场效果。

1. "中心合并"视频转场效果

素材 A 的场景分割成 4 个部分，从 4 个角同时向屏幕的中心移动，逐渐显示出素材 B 的场景，如图 6-32 所示。

图6-32

2. "中心拆分"视频转场效果

素材 A 的场景分割成 4 个部分，同时向 4 个角移动，逐渐显示出素材 B 的场景。

3. "互换"视频转场效果

素材 B 的场景从素材 A 的场景后方转到前方，将素材 A 的场景完全遮盖住。

4. "多旋转"视频转场效果

素材 B 的场景以多个矩形不断放大的形式出现，覆盖素材 A 的场景。

5. "带状滑动"视频转场效果

素材 B 的场景分割成带状，逐渐交叉覆盖素材 A 的场景。

6. "拆分"视频转场效果

素材 A 的场景从屏幕的中心向两侧推开，显示出素材 B 的场景。

7. "推"视频转场效果

素材 B 的场景从一侧推动素材 A 的场景向另一侧运动，从而显示出素材 B 的场景，如图 6-33 所示。

图6-33

8."斜线滑动"视频转场效果

素材 B 的场景以斜线的方式逐渐插入到素材 A 的场景中，将素材 A 的场景完全覆盖，如图 6-34 所示。

图6-34

9."滑动"视频转场效果

素材 B 的场景像幻灯片一样滑入素材 A，将素材 A 的场景完全覆盖。

6.2.9 特殊效果类视频转场

特殊效果类视频转场主要用于制作一些特殊的视频转场效果，该类型包括以下 3 种视频转场效果。

1."映射红蓝通道"视频转场效果

素材 A 场景中的红色和蓝色通道混合到素材 B 场景中，从而慢慢地显示出素材 B 的场景，如图 6-35 所示。

图6-35

2."纹理"视频转场效果

将素材 A 的场景作为纹理贴图映射到素材 B 的场景中，逐渐显示出素材 B 的场景。

3."置换"视频转场效果

素材 A 场景中的 RGB 通道被素材 B 场景中的相同像素所代替，如图 6-36 所示。

图6-36

6.2.10　缩放类视频转场

缩放类视频转场可以实现画面的推拉、画中画、幻影轨迹等效果，该类型包括以下 4 种视频转场效果。

1.“交叉缩放”视频转场效果

素材 A 的场景逐渐放大，冲出屏幕，素材 B 的场景由大逐渐缩小到实际尺寸。

2.“缩放”视频转场效果

素材 B 的场景在指定的位置逐渐放大，覆盖素材 A 的场景，如图 6-37 所示。

图6-37

3. "缩放拖尾"视频转场效果

素材 A 场景被逐渐拉远，从而显示出素材 B 的场景，如图 6-38 所示。

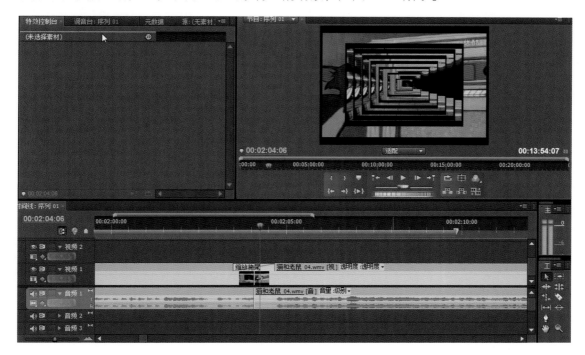

图6-38

4. "缩放框"视频转场效果

素材 B 场景被分割成多个框并逐渐放大，将素材 A 的场景覆盖。

7.1 认识调音台

Adobe Premiere Pro CS4 具有强大的音频处理能力。通过"调音台"工具，可以专业调音台的工作方式来控制声音。它具有实时录音，以及音频素材和音频轨道的分离处理功能。可以实时混合时间线窗口中各轨道的音频对象，可以在音频混合器中选择相应的音频控制器调节对应轨道的音频对象。

选择菜单栏下的"窗口"→"工作区"→"音频"命令（快捷键是"Alt+Shift+5"），打开"调音台"面板，如图 7-1 所示。

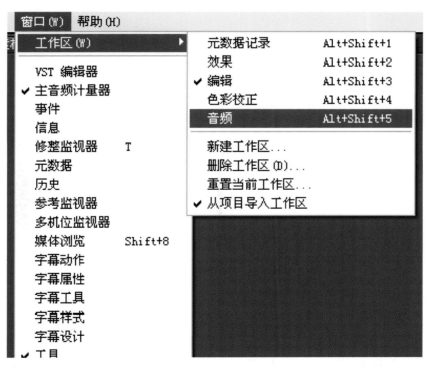

图7-1

调音台由若干个轨道音频控制器、主音频控制器和播放控制器组成。每个控制器由控制按钮、调节杆调节音频，如图 7-2 所示。

图7-2

1. 轨道控制器

轨道控制器用于调节与其相对应轨道上的音频对象（"音频1"对应音频轨道1，"音频2"对应音频轨道2……依此类推），其数目由时间线窗口中的音频轨道数目决定。轨道控制器由控制按钮、调节滑轮及调节滑杆组成。

图7-3

图7-3所示的控制按钮可以控制音频调节的调节状态，从左到右依次为"静音轨道""独奏轨道""激活录制轨道"等按钮。

图7-4所示的调节滑轮是控制左右声道声音的，向左转动，左声道声音增大，向右转动，右声道声音增大。

音量调节滑杆可以控制当前轨道音频对象音量，向上拖动滑杆可以增加音量，向下拖动滑杆可以减小音量，如图7-5所示。

图7-4

　　下方的数值栏"0.0"中可以显示当前音量（以分贝数显示），也可以直接在数值栏中输入声音的分贝数。

2. 主音频控制器

　　主音频控制器可以调节时间线窗口中所有轨道上的音频对象，如图7-6所示。主音频控制器使用方法与轨道音频控制器相同。

图7-5　　　　　　　　　　　　　　　　　图7-6

　　在主轨道的音量表顶部有两个小方块，表示系统能处理的音量极限。当小方块显示为红色时，表示音频音量超过极限，音量过大。

3. 播放控制器

　　播放控制器位于调音台窗口的最下方，主要用于音频的播放，如图7-7所示，使用方法与监视器窗口中的播放控制栏相同。

图7-7

　　播放音频时，音频控制器左侧是音量表，显示音频播放时的音量大小。播放时的显示效果如图7-8所示。

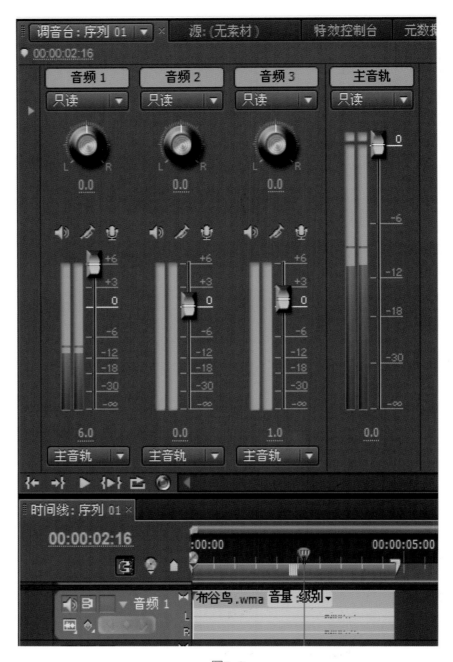

图7-8

7.2 调节增益值

音频的增益即音频的音量高低。当一段视频文件配有多个音频素材时，通常需要平衡这些音频素材的增益来提高配音的质量。

设置音频的增益效果，可以在时间线窗口中的音频素材上单击鼠标右键，在弹出的快捷菜单中选择"音频增益…"菜单命令，如图7-9所示。

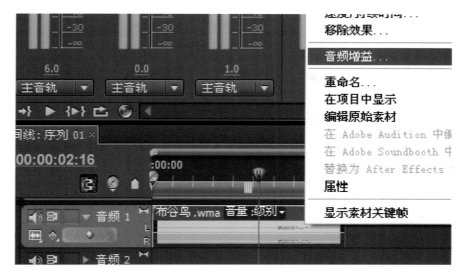

图7-9

此时会打开"音频增益"对话框，输入相应的数值即可，如图7-10所示。

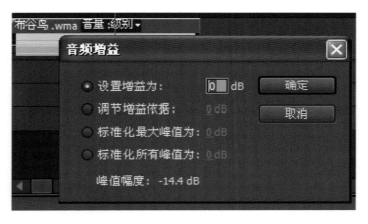

图7-10

7.3　实时调节音频

在 Adobe Premiere Pro CS4 中，可以通过音频淡化器调节工具或者调音台调制音频电平。音频的调节分为素材调节和轨道调节。

素材调节时，音频的改变仅对当前的音频素材有效，删除素材后，调节效果就消失了。

轨道调节时，仅对当前音频轨道进行调节，所有在当前音频轨道上的音频素材都会在调节范围内受到影响。

使用实时记录时，则只能针对音频轨道进行。通常音频淡化器初始状态为中音量，相当于音量表中的 0 分贝。

7.3.1　淡化器调节工具

(1) 在时间线窗口的音频轨道控制面板左侧单击"显示关键帧"图标按钮，在弹出的菜单栏中选择音频轨道的显示内容。如果要调节音量，则可以选择"显示素材音量"或者"显示轨道音量"，如图 7-11 所示。

图7-11

（2）此时在该轨道的素材中或者该轨道中会出现一条黄色直线。在工具箱中选择"钢笔工具"，拖动音频素材或者轨道上的黄线即可调整音量，如图 7-12 所示。

图7-12

（3）按"Ctrl"键，将光标移动到轨道的音频素材黄线上，单击鼠标左键，便在黄线上产生一个类似关键帧的符号，还可以根据需要产生多个，如图 7-13 所示。

图7-13

（4）按住鼠标左键上下拖动关键帧，关键帧之间的直线（斜线）提示音频素材是淡入（音量逐渐增大）或者淡出（音量逐渐减小），如图 7-14 所示。

图7-14

（5）拖曳关键帧两边的节点，可以调节音量变化的曲线，这样的配音效果会更加柔和，如图 7-15 所示。

图7-15

7.3.2 实时调节音频

有时为了结合视频文件的情节，需要在播放音频时进行音量调节。在调节前，必须在时间线窗口中的音频轨道上通过单击"显示关键帧"图标按钮来选择显示内容为"显示轨道音量"，如图 7-16 所示。

图7-16

（1）在调音台窗口上方需要进行调节的轨道上单击"只读"下拉列表，在下拉列表（有"关""只读""锁存""触动""写入"五项）中进行设置：

选择"关"方式，系统会忽略当前音频轨道上的调节，仅按照默认的设置播放。

在"只读"状态下，系统会读取当前音频轨道上的调节效果，但是不能记录音频调节过程；而在

"锁存""触动""写入"三种方式下，都可以实时记录音频调节。

　　其中"涉及"方式是指当使用自动书写功能实时播放记录调节数据时，每调节一次，下一次调节时调节滑块初始位置会自动转为音频对象在进行当前编辑前的参数值。

　　"插销"方式是指当使用自动书写功能实时播放记录调节数据时，每调节一次，下一次调节时调节滑块在上一次调节后位置，当单击停止按钮停止播放音频后，当前调节滑块会自动转为音频对象在进行当前编辑前的参数值。

　　"写入"方式是指当使用自动书写功能实时播放记录调节数据时，每调节一次，下一次调节滑块在上一次调节后位置。在调音台中激活需要调节轨道自动记录状态，一般情况下选择"写入"即可，如图 7-17 所示。

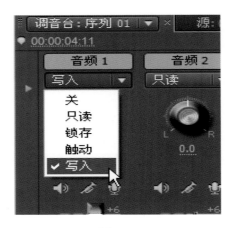

图7-17

　　（2）在调音台窗口中单击播放按钮，此时，时间线窗口中的音频素材开始播放。用户在调音台窗口拖动音量控制滑杆进行调节，调节完毕后，系统自动记录调节结果，如图 7-18 所示。

图7-18

7.4 录音

　　需要录音时，可以直接在计算机上完成解说或者配乐的工作。首先必须保证计算机的音频输入装置被正确连接，即将录音话筒接在计算机的"MIC"端口。

　　(1)打开调音台窗口，激活要录制音频轨道的"激活录制轨道"按钮，上方会弹出音频输入的设备选项，选择输入音频的设备（通常为默认设备）即可，如图7-19所示。

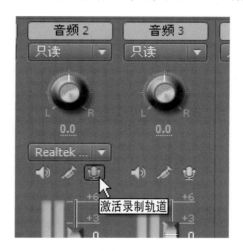

图7-19

　　(2)激活音频播放控制器栏中的"录制"按钮，如图7-20所示。

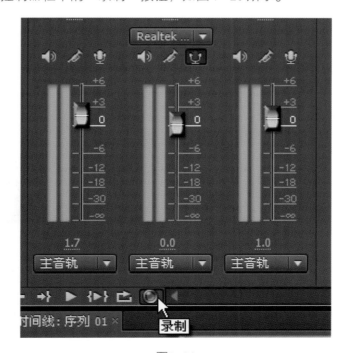

图7-20

　　(3)需要开始录音时，单击音频播放控制器栏中的"播放/停止"按钮;需要停止录音时，单击"停止"按钮。在时间线窗口中选定的音频轨道上会出现刚才录制的声音素材，如图7-21所示。

图7-21

　　录制完毕后，应该再次单击"激活录制轨道"按钮，取消录音状态。单击音频播放控制器栏中的"播放／停止"按钮，可以听到刚才录制的声音效果。

8.1 创建字幕的基本流程

选择菜单栏下的"文件"→"新建"→"字幕"命令，可以打开 Adobe 字幕设计窗口进行字幕的制作，如图 8-1 所示。可以看出，Adobe 字幕设计窗口共由六个功能区组成。

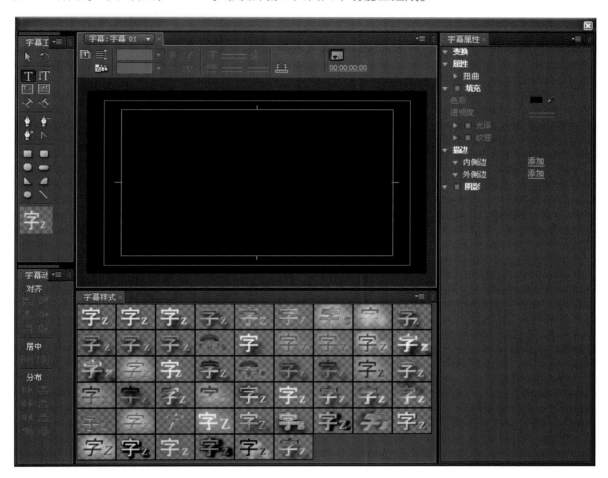

图8-1

（1）字幕控制区（见图 8-2）：用于选择字幕的运动类型、设置字幕的模板、显示样本帧等。

图8-2

(2) 字幕工具栏（见图 8-3）：用来创建和编辑各种字幕文本、绘制基本几何图形以及定义文本的样式。

(3) 字幕属性区（见图 8-4）：用来设置字幕对象的大小、字体、颜色等相关属性。

图8-3

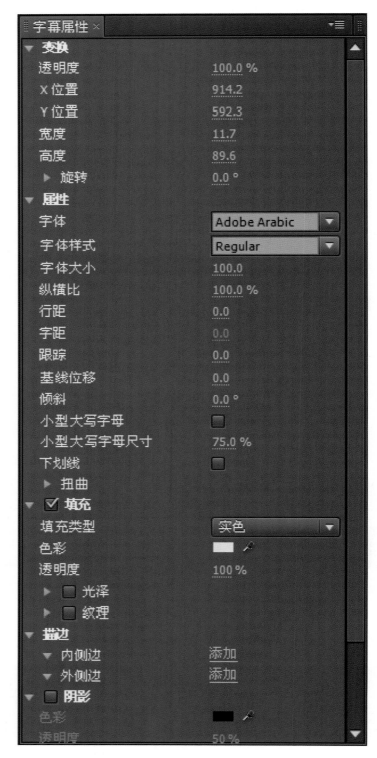

图8-4

（4）字幕工作区（见图 8-5）：为文本的输入及整个对象的显示区域。

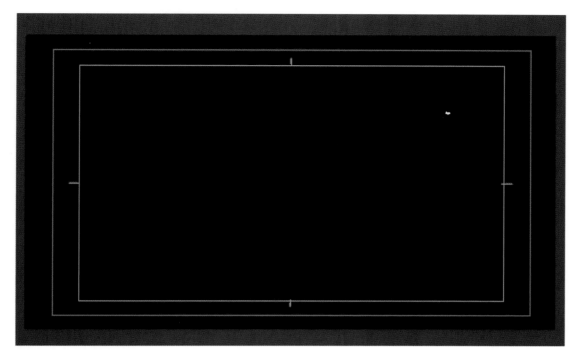

图8-5

（5）字幕样式库（见图 8-6）：用于选择或自定义文本样式。

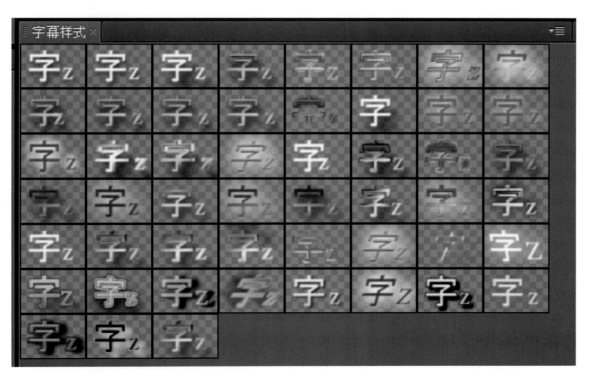

图8-6

(6)字幕动作区（见图 8-7）：其实是对字幕的版式进行控制。

图8-7

8.1.1 创建新字幕

(1)选择菜单栏中的"窗口"→"字幕设计"命令，可以打开"字幕"窗口，如图 8-8 所示。

图8-8

(2) 单击字幕控制区左上角的"新建字幕"按钮，打开"新建字幕"对话框，如图 8-9 所示，参数为默认，单击"确定"按钮，新建"字幕 01"。

图8-9

(3) 在字幕工具栏单击"文字工具"按钮，如图 8-10 所示。

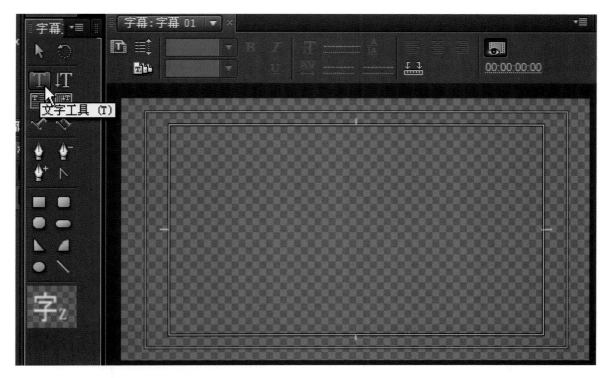

图8-10

（4）移动光标到字幕显示区域，拖动鼠标画出一个矩形虚线框，或者直接单击显示区，就会出现跳动的光标，此时便可输入需要的文字，如图 8-11 所示。

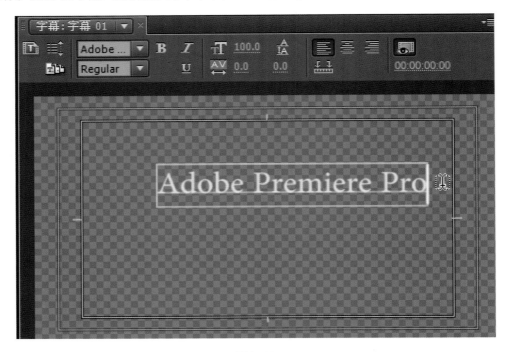

图8-11

（5）单击左边工具栏中的"选择工具"按钮，退出文字输入状态。选中输入的文字，在右边的字幕属性区中可进行"字体""字体大小""填充"等的设置，如图 8-12 所示。

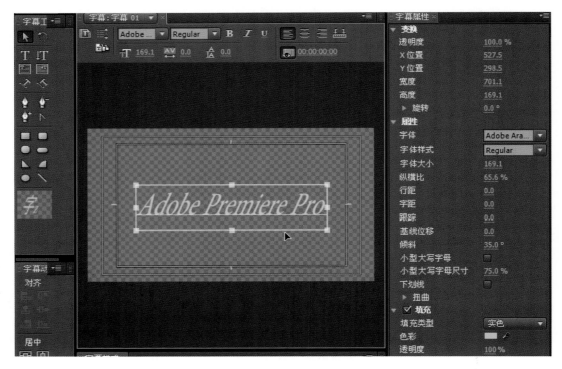

图8-12

如果需要修改所输入的文字，则只需要再次单击"文字工具"按钮返回到输入状态即可实现修改。

(6) 选择菜单栏中的"文件"→"保存"命令，保存设置好的字幕，字幕文件就会作为一个独立的文件自动出现在项目窗口中，如图 8-13 所示。

图8-13

(7)"字幕 01"可以像处理其他视、音频素材一样对它进行编辑处理，如图 8-14 所示。

图8-14

8.1.2 使用字幕模板

与样式不同，模板是背景图片、几何形状和文字的组合。使用模板可以很容易地创建适合自己需要的字幕版式，或者创建自己设计的模板，并保存它们供将来使用。

（1）使用字幕模板。选择菜单栏中的"字幕"→"新建字幕"→"基于模板 ..."命令，打开"新建字幕"对话框，如图 8-15 所示。

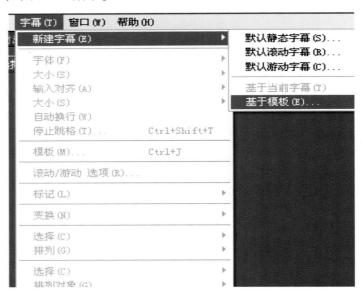

图8-15

单击字幕主面板左上角的"模板"按钮，也可以打开模板窗口。

（2）在"新建字幕"对话框中可以选择任意一种模板，在本文件中默认命名为"字幕 02"，如图 8-16 所示。

图8-16

（3）在对话框中选择适合的模板，单击"确定"按钮后，"字幕 02"自动出现在项目窗口，同时处于可编辑状态，如图 8-17 所示。

图8-17

（4）将编辑好的字幕按照 8.1.1 小节步骤（6）的方式进行保存，就可以使用"字幕文件 02"了，如图 8-18 所示。

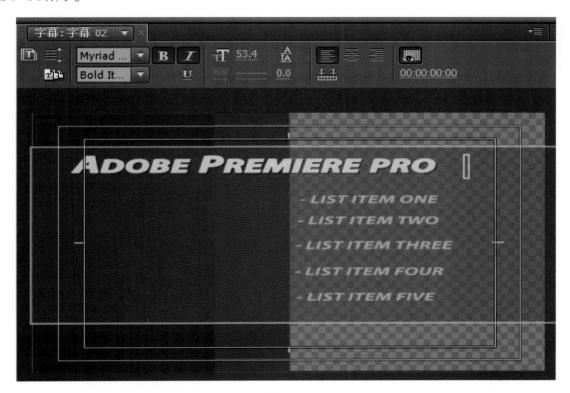

图8-18

8.2　编辑字幕的基本方法

8.2.1　字幕安全区域与动作安全区域

在项目窗口中单击 8.1.2 小节创建的"字幕文件 02"的图标，打开字幕窗口，单击字幕主面板右上角的快捷菜单按钮，在打开的菜单中选择"字幕安全框"和"活动安全框"，即可显示出字幕安全框和活动安全框，如图 8-19 所示。

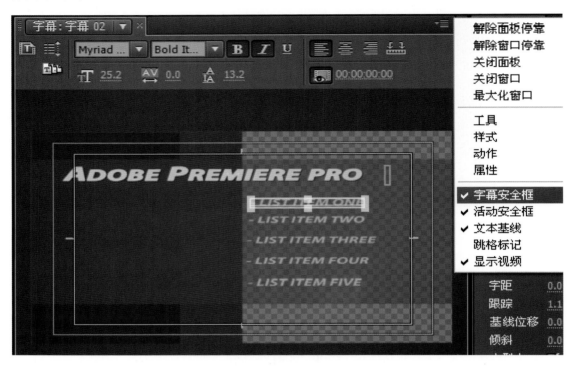

图8-19

将字幕调整到字幕安全边界内，可以确保观众能够看到完整的字幕，如图 8-20 所示。

图8-20

8.2.2 创建滚动字幕

（1）以 8.1.1 小节创建的"字幕 01"为例创建滚动字幕。在项目窗口单击"字幕 01"的文件图标，打开"字幕设计"窗口，单击"字幕设计"窗口左上角的"滚动/游动选项"按钮，如图 8-21 所示。

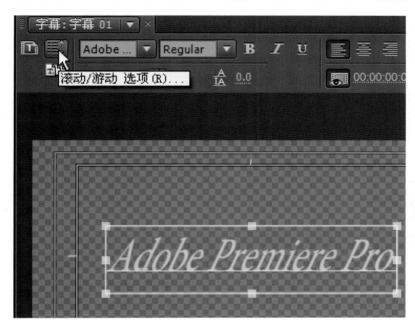

图8-21

（2）打开"滚动/游动选项"窗口，默认选项如图 8-22 所示。

图8-22

(3) 如果要设置纵向滚动字幕，则要在窗口中选择"滚动"；如果要设置横向滚动字幕，则要选择"左游动"或"右游动"。在此例中，暂时点选为"滚动"，并勾选"开始于屏幕外"和"结束于屏幕外"复选框，如图 8-23 所示。

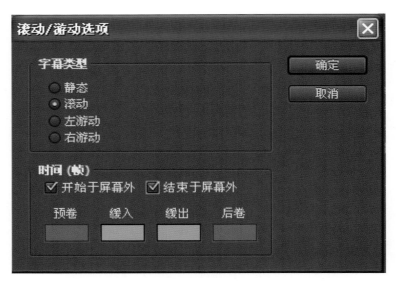

图8-23

(4) 单击"确定"按钮后，关闭字幕设计器，项目窗口中的"字幕 01"文件的图标自动变更为视频文件图标，如图 8-24 所示。选择"字幕 01"文件，单击项目窗口左上角的"播放 – 停止切换"按钮，可以预览到"字幕 01"文件的播放效果，字幕从屏幕下方匀速移出屏幕上方。

图8-24

9.1 关键帧动画

在 Adobe Premiere Pro 中，不仅可以编辑组合视频素材，还可以将静态的图片通过运动效果使其运动起来。运动效果是通过帧动画来完成的，所谓的帧就是一个静止的画面，当时间指针以不同的速度沿时间线面板逐帧移动时，便形成了画面的运动效果。

"特效控制台"面板如图 9-1 所示。

图9-1

9.1.1 添加和删除关键帧

1.添加关键帧

(1)打开"特效控制台"面板，单击"运动"效果名称前的三角形按钮，将其展开，如图 9-2 所示。

图9-2

　　(2) 将时间线指针移到需要添加关键帧的位置，在"特效控制台"面板中设置相应选项的参数（如"位置"选项），单击"位置"选项左侧的"切换动画"按钮，会自动在当前位置添加一个关键帧，并将设置的参数值记录在关键帧中，如图 9-3 所示。

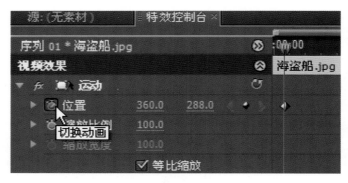

图9-3

　　(3) 时间指针移到需要添加的位置，修改选项的参数值，修改的参数会被自动记录到第二个关键帧中，如图 9-4 所示。用同样的方法可以添加更多关键帧。

图9-4

2. 删除关键帧

(1) 选中需要删除的关键帧，按 "Delete" 键或 "Backspace" 键可删除关键帧。将时间指针移到需要删除的关键帧处，单击 "添加 / 删除关键帧" 按钮，也可以删除关键帧。

(2) 要删除某选项 (如 "位置" 选项) 所对应的所有关键帧，可单击该选项左侧的 "切换动画" 按钮，此时会弹出如图 9-5 所示的 "警告" 对话框。单击 "确定" 按钮后可删除该选项所对应的所有关键帧。

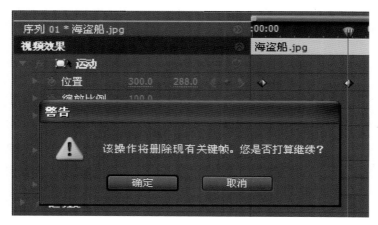

图9-5

9.1.2　关键帧插值

关键帧插值是指关键帧之间时间量的变化值。如从一个关键帧到下一个关键帧过渡时，可以是加速或减速过渡，也可以是匀速过渡。

将关键帧选中，单击鼠标右键，在弹出的菜单中将鼠标移动到 "临时内插值"，可以看到关键帧的插值。关键帧插值的类型有 7 种，如图 9-6 所示，其含义如下。

图9-6

（1）直线：线性匀速过渡。

（2）贝赛儿曲线：可调节性曲线过渡。

（3）自动曲线：自动平滑过渡。

（4）连续曲线：连续平滑曲线过渡。

（5）保持：突变过渡，关键帧之间的变化是跳跃性的。

（6）淡入：缓慢淡入过渡。

（7）淡出：缓慢淡出过渡。

9.2　视频特效

视频特效一般是为了使视频画面达到某种特殊效果，从而更好地表现作品的主题。有时也用于修补影像素材中的某些缺陷。Adobe Premiere Pro 中的视频特效被分类保存在 15 个文件夹中。

常见的视频特效有：变换类视频特效、图像控制类视频特效、实用类视频特效、扭曲类视频特效、时间类视频特效、杂波与颗粒类视频特效、模糊与锐化类视频特效、色彩校正类视频特效、视频类视频特效、调整类视频特效、过渡类视频特效、透视类视频特效、键控类视频特效、生成类视频特效、通道类视频特效、风格化类视频特效。

9.2.1　添加视频特效的方法

在"效果"面板中，单击"视频特效"文件夹前的折叠按钮，选择某个特效类型下的一种具体的视频特效，将其拖放到视频轨道中需要添加特效的素材上，此时素材对应的"特效控制台"面板上会自动添加该视频特效的选项。

图 9-7 所示素材所用的是"扭曲"→"弯曲"特效，当特效添加到素材后，节目窗口会显示使用特效后的画面效果，在时间线窗口的素材下面会出现一条绿线，表示已添加特效。

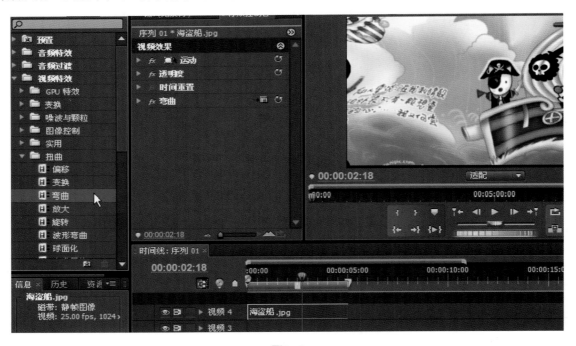

图9-7

在 Adobe Premiere Pro 中，可以为同一段素材添加一个或多个视频特效，也可以为视频中的某一部分添加视频特效。

在"特效控制台"面板中，选中设置好的视频特效，使用"编辑"菜单中的"复制""剪切""粘贴"命令，可以复制或移动视频特效到其他素材上。

9.2.2　使用"效果"面板进行效果管理

继续以"弯曲"特效为例，演示对该特效的进一步操作。

在"视频效果"面板中单击"弯曲"特效名称前的三角形按钮，将其展开，可以看到该特效的一些参数，如图 9-8 所示，在这里可以根据需要对某些参数进行调整。调整后在节目窗口会即时显示调整后的效果。其他特效的操作方法一样。

图9-8

在"特效控制台"面板中，选中设置好的视频特效，使用"编辑"菜单中的"复制""剪切""粘贴"命令，可以复制或移动视频特效到其他素材上。

9.3　各类视频特效浏览

9.3.1　变换类视频特效

变换类视频特效可以让图像发生二维或三维的变化，如压缩和旋转等特效，该视频特效包括以下7 种类型。

1."垂直保持"视频特效

将素材在垂直方向向上滚动，没有选项参数，如图 9-9 所示。

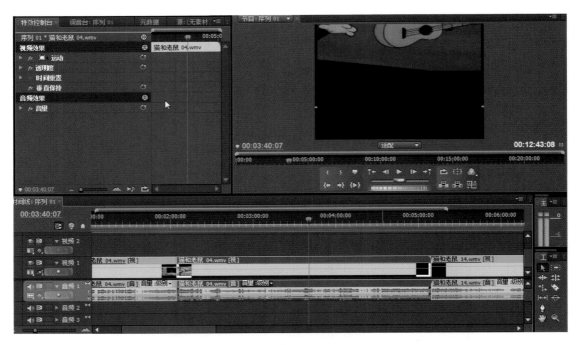

图9-9

2. "垂直翻转"视频特效

将素材在垂直方向上翻转 180 度，没有选项参数。

3. "摄像机视图"视频特效

模仿摄像机视角从各个角度进行拍摄的效果，"摄像机视图"面板如图 9-10 所示，单击"摄像机视图"后面的"设置"按钮可打开"摄像机视图设置"对话框。

图9-10

"摄像机视图"参数说明如下。

经度：设置摄像机水平拍摄的角度。

纬度：设置摄像机垂直拍摄的角度。

垂直滚动：设置摄像机围绕中心轴旋转的效果。

焦距：设置摄像机的焦距。

距离：设置素材和摄像机的间距。

缩放：用来放大或缩小素材。

填充颜色：填充素材周围空白区域的颜色。

4."水平保持"视频特效

可以让素材在水平方向上产生倾斜。

5."水平翻转"视频特效

将素材在水平方向上翻转，没有选项参数。

6."羽化边缘"视频特效

可以对素材的边缘进行羽化。

7."裁剪"视频特效

根据需要对素材的周围进行修剪。

9.3.2 图像控制类视频特效

图像控制类视频特效的主要作用是调整图像的色彩，弥补素材的画面缺陷。该视频特效包括 5 种类型，分别是"灰度系数校正""色彩传递""颜色平衡""颜色替换"和"黑白"视频特效。

（1）"灰度系数（Gamma）校正"视频特效：通过改变图像中间色调的亮度来调节图像的明暗度，其"灰度系数"参数用来调整素材的明暗程度。

（2）"色彩传递"视频特效：该视频特效只保留指定的色彩，没有被指定的色彩将被转化为灰色。

（3）"颜色平衡"视频特效：通过调整图像的 RGB 值来改变图像色彩，如图 9-11 所示。

图9-11

（4）"颜色替换"视频特效：在保持灰度级不变的前提下，用一种新的颜色替代选中的色彩及和它相似的色彩。可打开"颜色替换设置"对话框进行设置。

（5）"黑白"视频特效：将彩色图像转化为黑白图像。

9.3.3　实用类视频特效

实用类视频特效只有"Cineon 转换"一种效果，可以增强素材的明暗及对比度，让亮的部分更亮，暗的部分更暗。

9.3.4　扭曲类视频特效

扭曲类视频特效可以创建出多种变形效果，该视频特效包括 11 种特效，分别是"偏移""变换""弯曲""放大""旋转扭曲""波形弯曲""球面化""紊乱置换""边角固定""镜像"和"镜头扭曲"视频特效。

（1）"偏移"视频特效：将素材进行上下或左右的偏移。

（2）"变换"视频特效：可以使素材产生二维几何变化，其参数设置及对应的视频效果如图 9-12 所示。

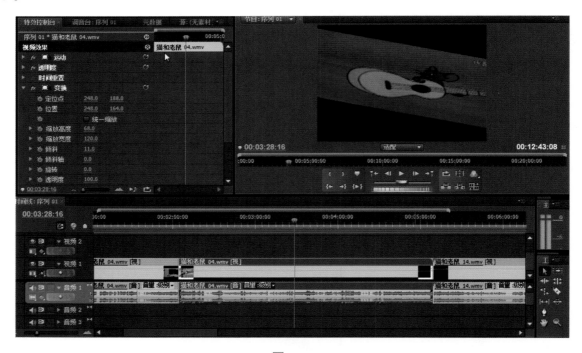

图9-12

（3）"弯曲"视频特效：可以使素材在水平和垂直方向上产生扭曲效果。

（4）"放大"视频特效：对素材的某一个区域进行放大处理，如同放大镜观察图像区域一样。

（5）"旋转扭曲"视频特效：使素材沿着其中心旋转，越靠近中心，旋转越剧烈。

（6）"波形弯曲"视频特效：可以使素材产生波浪状的变形。

（7）"球面化"视频特效：使素材以球化的状态显示，产生圆球效果。

（8）"紊乱置换"视频特效：使素材产生一种不规则的湍流变相效果。通过调整数量、大小、偏移、复杂度和演变等参数，可以制作出想要的扭曲效果。

（9）"边角固定"视频特效：设置素材 4 个角的位置，对画面进行透视和弯曲处理。可以通过修改"特效控制台"中的参数值调整边角的位置，也可以直接在"节目"窗口中拖动画面上的 4 个角上的位置控制点来调整边角的位置，如图 9-13 所示。

图9-13

（10）"镜像"视频特效：将沿分割线划分的图像反射到另外一边，可以通过角度控制镜像图像到任意角度。

（11）"镜头扭曲"视频特效：创建一种通过扭曲的透镜观看画面的效果，如图 9-14 所示。

图9-14

9.3.5　时间类视频特效

时间类视频特效可以控制素材的时间特效，产生跳帧和重影效果，该视频特效包括以下2种类型。

（1）"抽帧"视频特效：通过改变素材播放的帧速率来回放素材，输入较低的帧速率会产生跳帧的效果。

（2）"重影"视频特效：可以混合同一素材中不同的时间帧，从而产生条纹或反射效果。

9.3.6　杂波与颗粒类视频特效

杂波与颗粒类视频特效可以为素材添加噪点效果，该视频特效共包括6种类型，分别是"中间值""噪波""噪波 Alpha""噪波 HLS""自动噪波 HLS""蒙尘与刮痕"视频特效。

（1）"中间值"视频特效：将图像素材的每个像素用其周围的 RGB 平均值来代替平均画面的色值，形成一定的艺术效果，如图9-15所示。

图9-15

(2) "噪波" 视频特效：使素材产生随机的噪波效果，如图 9-16 所示。

图9-16

(3) "噪波 Alpha" 视频特效：该特效可以设置在 Alpha 通道中生成噪波，如图 9-17 所示。

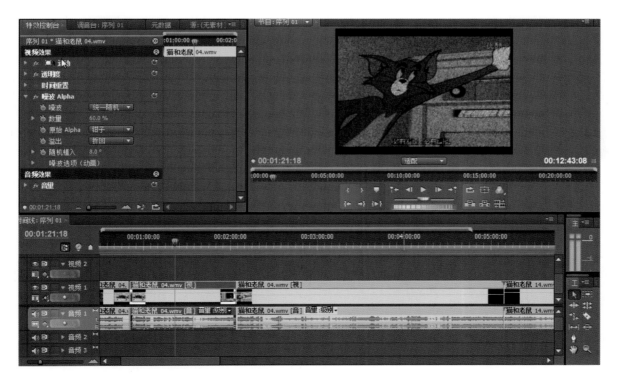

图9-17

（4）"噪波 HLS"和"自动噪波 HLS"视频特效：通过色调、亮度和饱和度来设置噪波，如图 9–18 所示。

图9–18

（5）"蒙尘与刮痕"视频特效：改变相异的像素，模拟灰尘的噪波效果，可以用来处理老电影的视频效果，如图 9–19 所示。

图9–19

9.3.7　模糊与锐化类视频特效

模糊类特效可以模糊图像，而锐化类特效可以锐化图片，显现图像的边缘效果，该视频特效共包括 10 种类型，分别是"快速模糊""摄像机模糊""定向模糊""残像""消除锯齿""混合模糊""通道模糊""锐化""非锐化遮罩"和"高斯模糊"视频特效。

（1）"快速模糊"视频特效：使图像进行快速模糊，如图 9-20 所示。

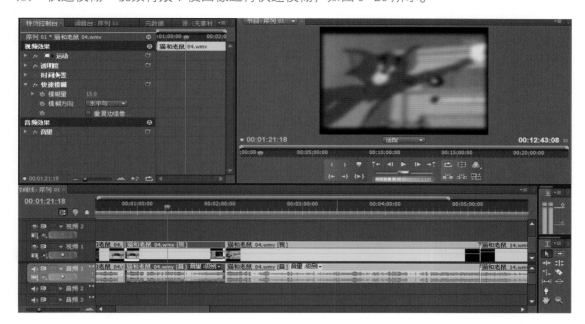

图9-20

（2）"摄像机模糊"视频特效：模拟摄像机镜头变焦所产生的模糊效果，其"模糊百分比"参数用来设置模糊的程度，如图 9-21 所示。

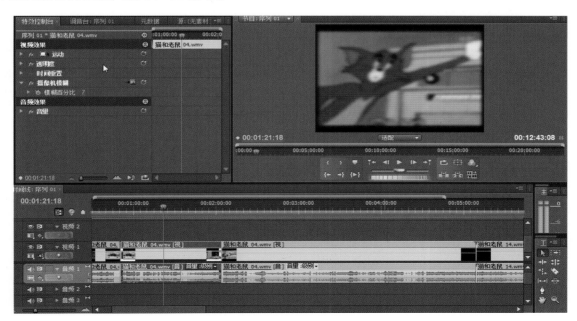

图9-21

（3）"定向模糊"视频特效：使图像的模糊具有一定的方向性，从而产生一种动感的效果，如图 9-22 所示。

图9-22

（4）"残像"视频特效：显示运动物体的重叠虚影效果，对静态画面不起作用，该视频特效没有参数。

（5）"消除锯齿"视频特效：可以对图像对比度较大的颜色进行平滑处理，该视频特效没有参数。

（6）"混合模糊"视频特效：基于亮度值模糊图像，在其"模糊图层"参数中可以选择一个视频轨道中的图像。根据需要用一个轨道中的图像模糊另一个轨道中的图像，能够达到有趣的重叠效果。

（7）"通道模糊"视频特效：通过改变图像中颜色通道的模糊程度来实现画面的模糊效果。

（8）"锐化"视频特效：通过增加相邻像素的对比度，达到提高图像清晰度的效果。

（9）"非锐化遮罩"视频特效：主要通过颜色之间的锐化程度提高图像的细节效果。

（10）"高斯模糊"视频特效：通过高斯运算的方法生成模糊效果，应用该效果，可以达到更加细腻的模糊效果，其参数包括"模糊度"和"模糊方向"。

9.3.8　色彩校正类视频特效

色彩校正类视频特效主要用于调整素材的颜色、亮度、对比度等，该视频特效共包括 17 种类型。

（1）"RGB 曲线"视频特效：主要通过曲线调整主体及红色、绿色、蓝色通道的参数值来改变图像的颜色，如图 9-23 所示。

图9-23

(2)"RGB 色彩校正"视频特效:通过调整 RGB 的值来改变图像的色彩,如图 9-24 所示。

图9-24

(3)"三路色彩校正"视频特效:可以针对阴影、中间色调、高光进行一系列的调整。

（4）"亮度与对比度"视频特效：用来调节图像的亮度和对比度，其参数包括"亮度"和"对比度"，如图 9-25 所示。

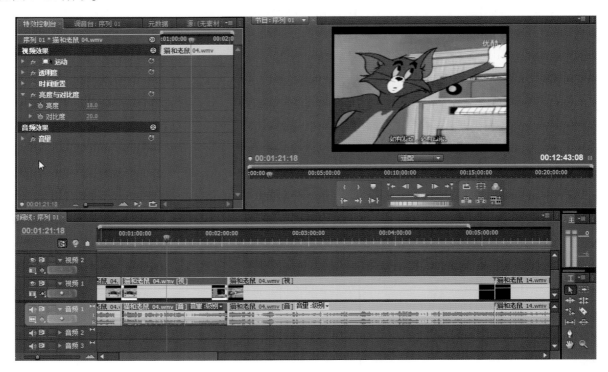

图9-25

（5）"亮度曲线"视频特效：可以通过拖曳亮度调整曲线来调节图像的亮度，如图 9-26 所示。

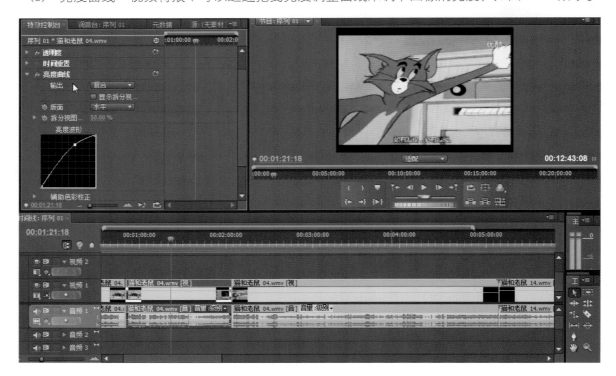

图9-26

（6）"亮度校正"视频特效：可以调整图像的亮度和对比度，使用该视频特效还可以将需要调整的色调分离出来，然后再进行调整。

（7）"分色"视频特效：用于删除指定的颜色，可以将彩色图像转化为灰度，但图像的颜色模式保持不变。

（8）"广播级颜色"视频特效：为了让作品在电视中更加精确、清晰地播放，可以使用该视频特效。

（9）"快速色彩校正"视频特效：可以快速调整素材中的颜色和亮度效果，如图9-27所示。

图9-27

（10）"更改颜色"视频特效：用于改变图像中某种颜色区域的色调、饱和度或亮度，通过选择一个基色并设置相似值来确定区域。

（11）"染色"视频特效：用来调整图像中包含的颜色信息，在最亮和最暗之间确定融合度。

（12）"色彩均化"视频特效：改变图像的像素值并将这些像素值平均化处理。

（13）"色彩平衡"视频特效：通过调整高光、阴影和中间色调的红、绿、蓝的参数，来更改图像总体颜色的混合程度。

（14）"色彩平衡HLS"视频特效：通过对图像的色相、亮度、饱和度参数的调整，来实现图像色彩的改变。

（15）"视频限幅器"视频特效：在颜色修正之后，使用视频限幅器可以确保视频处于指定的限制范围内，可以限制影像的所有信号。

（16）"转换颜色"视频特效：在图像中选择一种颜色，将其转换为另一种颜色的色调、透明度、饱和度。

（17）"通道混合"视频特效：通过设置每个颜色通道的数值，可以产生灰阶图或其他色调的图。

9.3.9 视频类视频特效

视频类视频特效只有"时间码"这一种类型，主要用于在素材中显示时间码或帧数量信息，如图9-28所示。

图9-28

9.3.10 调整类视频特效

调整类视频特效主要用于调整素材的亮度、色彩、对比度等，该视频特效共包括9种类型。

（1）"卷积内核"视频特效：通过使用数学的卷积原理来改变图像中像素颜色的运算，从而改变像素亮度值，并且可以增加图像或轮廓的清晰度，如图9-29所示。

图9-29

（2）"基本信号控制"视频特效：用来调整图像的亮度、对比度、色相、饱和度。

（3）"提取"视频特效：可以在图像中吸取颜色，然后通过设置灰色区域的范围控制影像的显示，如图 9–30 所示。

图9–30

（4）"照明效果"视频特效：可以在图像中应用多种光照效果，共有 3 种光源类型，分别为"平行光""全光源"和"点光源"。

（5）"自动对比度"视频特效：自动调整图像的对比度。

（6）"自动色阶"视频特效：自动调整图像的色阶。

（7）"自动颜色"视频特效：自动调整图像的颜色。

（8）"色阶"视频特效：可以修正图像中的亮度、中间色调和阴影。

（9）"阴影 / 高光"视频特效：适用于校正图像的背光问题，可以使阴影的亮度提高，降低高亮区的亮度。

9.3.11　过渡类视频特效

过渡类视频特效类似于视频转场效果，是在两个素材之间进行切换的视频特效，包括"块溶解""径向擦除""渐变擦除""百叶窗"和"线性擦除"等 5 种视频特效。

9.3.12　透视类视频特效

可以为素材添加各种透视的效果，包括以下 5 种类型。

（1）"基本 3D"视频特效：可以使图像在模拟的三维空间中沿水平和垂直轴旋转，也可以使图像产生移近或拉远的效果。

(2)"径向阴影"视频特效：通过将指定的位置作为光源，使图像产生投影效果，该视频特效可以为带有 Alpha 通道的图像创建阴影。

(3)"投影"视频特效：可以在层的后面产生阴影，形成投影的效果。

(4)"斜角边"视频特效：可以使图像边缘产生一个立体的效果，用来模拟三维的外观。

(5)"斜面 Alpha"视频特效：可以在图像的 Alpha 通道区域的边缘产生一种边界分明的效果。

9.3.13 键控类视频特效

键控类视频特效主要用于对素材进行抠像处理，该视频特效共包括 15 种类型。

(1)"16 点无用信号遮罩""4 点无用信号遮罩""8 点无用信号遮罩"视频特效：可以对叠加的素材分别进行 16 个角、4 个角、8 个角的调整，通过调整角点的控制手柄可以调整蒙板的形状，出现透明区域。图 9-31 所示为对 16 个角进行操作。

图9-31

(2)"Alpha 调整"视频特效：可以根据上层素材的灰度等级来完成不同的叠加效果。

(3)"RGB 差异键"视频特效：将素材中的一种颜色差值做透明处理，通过选取颜色来设置透明，该视频特效适合对色彩明亮、无阴影的图像做抠像处理。

(4)"亮度键"视频特效：可以将图像中的灰阶部分设置为透明，对明暗对比十分强烈的图像特别有效。

(5)"图像遮罩键"视频特效：可以使用一幅静态的图像作为蒙板，该蒙板决定素材的透明区域。

(6)"差异遮罩"视频特效：将指定视频素材与图像进行比较，除去视频素材中相匹配的部分。

(7)"极致键"视频特效：可以在图像中吸取颜色设置透明，同时可设置遮罩效果。

(8)"移除遮罩"视频特效：将已有的遮罩移除，移除画面中遮罩的白色区域或黑色区域。

(9)"色度键"视频特效：可以将图像上的某种颜色及与其相似的颜色设置为透明。

（10）"蓝屏键"视频特效：用来将素材中的蓝色区域变为透明。

（11）"轨道遮罩键"视频特效：将相邻轨道上的素材作为被叠加的素材底纹背景，底纹背景决定被叠加图像的透明区域。

（12）"非红色键"视频特效：用来将素材中的蓝色或绿色区域变为透明。

（13）"颜色键"视频特效：可以选择需要透明的颜色来完成抠像效果，与"色度键"类似。

9.3.14 生成类视频特效

生成类视频特效可以在场景中产生炫目的光效，该视频特效共包括12种类型。

（1）"书写"视频特效：使用画笔在指定的层中进行绘画、写字等效果。

（2）"吸色管填充"视频特效：可以将样本色彩应用到图像上进行混合，如图9-32所示。

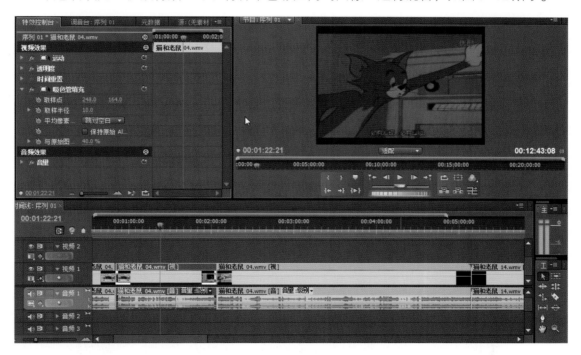

图9-32

其参数设置如下。

取样点：通过调整参数来设置颜色的取样点。

取样半径：设置取样位置的大小。

平均像素颜色：用来选择平均像素颜色的方式。

保持原始Alpha：选择该复选框，Alpha通道不会产生变化。

与原始图像混合：用来选择颜色与原始素材的混合模式。

（3）"四色渐变"视频特效：在素材之上产生4种颜色渐变图形，并与素材进行不同模式的混合。

（4）"圆"视频特效：创建圆形并与素材相混合。

（5）"棋盘"视频特效：创建棋盘网格并与素材相混合。

（6）"椭圆形"视频特效：可以在颜色背景上创建椭圆，用做遮罩，也可以直接与素材混合，其视频效果如图9-33所示。

图9-33

（7）"油漆桶"视频特效：根据需要将指定的区域替换成一种颜色，还可以设置颜色与素材混合的样式。

（8）"渐变"视频特效：在图像上创建一个颜色渐变斜面，并可以使其与原素材融合。

（9）"网格"视频特效：创建网格并与素材相混合。

（10）"蜂巢图案"视频特效：模拟出多种细胞图形效果。

（11）"镜头光晕"视频特效：模拟镜头拍摄阳光而产生的光环效果，如图9-34所示。

图9-34

（12）"闪电"视频特效：通过调整参数设置，模拟闪电和放电效果，如图9-35所示。

图9-35

9.3.15 通道类视频特效

通道类视频特效主要通过改变通道的属性来实现画面的色彩变化，共包括7种类型。

（1）"反转"视频特效：将原素材的色彩都转化为该色彩的补色，"反转"视频特效通常会取得很好的颜色效果。

（2）"固态合成"视频特效：将一种色彩填充合成图像放在素材层的后面，通过设置不透明度、混合模式等参数来合成新的图像效果。

（3）"复合算法"视频特效：根据数学算法有效地将两个场景混合在一起。

（4）"混合"视频特效：通过5种不同的混合模式，将两个层的场景混合在一起。

（5）"算法"视频特效：该视频特效提供了各种用于图像颜色通道的简单数学运算。

（6）"计算"视频特效：通过剪辑通道和不同的混合模式，合成两个位于不同轨道中的视频剪辑。

（7）"设置遮罩"视频特效：可以将其他层的通道设置为本层的遮罩，通常用来设置运动遮罩效果。

9.3.16 风格化类视频特效

风格化类视频特效可以模仿一些美术风格，丰富画面的效果，包括13种类型。

（1）"Alpha辉光"视频特效：该特效只对含有通道的素材起作用，它会在Alpha通道的边缘产生一圈渐变的辉光效果，如图9-36所示。

图9-36

(2)"复制"视频特效：将原始画面复制多个，其"计数"参数用于控制复制副本的数量。

(3)"彩色浮雕"视频特效：可以使素材图像产生彩色的浮雕效果。

(4)"曝光过度"视频特效：可以使素材图像的正片和负片相混合，模拟底片曝光效果，其"阈值"参数用来设置曝光值，如图 9-37 所示。

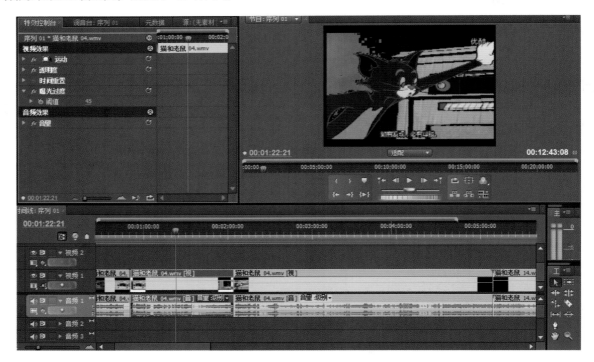

图9-37

(5)"材质"视频特效：可以将指定层的图像映射到当前层图像上，产生类似纹理的效果。

(6)"查找边缘"视频特效：强化过渡像素产生彩色线条，表现类似铅笔勾画的效果，如图 9-38 所示。

图9-38

(7)"浮雕"视频特效：使素材图像产生浮雕的效果，同时会摒弃原图的颜色。

(8)"笔触"视频特效：可以模拟向图像添加笔触，以产生类似水彩画的效果。

(9)"色调分离"视频特效：将图像连续的色调转化为只有有限的几种色调，产生类似海报的效果。

(10)"边缘粗糙"视频特效：可以影响图像的边缘，制作出锯齿边缘的效果。

(11)"闪光灯"视频特效：可以在视频播放中形成一种随机闪烁的效果。

(12)"阈值"视频特效：可以将灰度或彩色图像转换为高对比度的黑白图像，其中"色阶"参数用于设置阈值的色阶。

(13)"马赛克"视频特效：可以将画面分成若干网格，每一格都用本格内所有颜色的平均色填充，形成马赛克效果。

第10章
合成与抠像

10.1　合成

10.1.1　解释Alpha通道

　　颜色信息包含在三个通道内：红、绿和蓝。另外，图像可包含一个不可见的第四通道，称为 Alpha 通道，该通道包含透明度信息。Alpha 通道可用来将图像及其透明度信息存储在一个文件中，而不会干扰颜色通道。在 Adobe Premiere Pro 监视器面板中查看 Alpha 通道时，白色表示完全不透明，黑色表示完全透明，灰色阴影表示部分透明。

　　遮罩是一个图层（或其任何通道），用于定义该图层或另一个图层的透明区域。白色定义不透明区域，黑色定义透明区域。Alpha 通道通常用做遮罩，但是，如果通道或图层定义的所需透明区域比 Alpha 通道所定义的更好，或者如果源图像不包含 Alpha 通道，则可以使用遮罩，而不使用 Alpha 通道。

10.1.2　调节素材的不透明度

　　(1) 单击相应轨道名称旁边的三角形展开其选项，以扩展该轨道的视图，如图 10-1 所示。

图10-1

　　(2) 单击"显示关键帧"按钮或"隐藏关键帧"按钮，并从菜单中选择"显示不透明度过渡帧"，该轨道的所有剪辑中即会出现水平不透明度控制柄。如果轨道上不存在任何关键帧，则控制柄会在整个轨道中显示为一条水平直线，如图 10-2 所示。

图10-2

（3）在"时间轴"面板中，选择"选择"工具并上下拖动不透明度控制柄，或者选择"钢笔"工具并上下拖动不透明度控制柄。不透明度值和当前时间会显示为工具提示，如图10-3所示。

图10-3

10.1.3　视频合成的基本原则

合成剪辑和轨道时，切记以下指导原则。

（1）要对整个剪辑应用相同程度的透明度，只需在"效果控件"面板中调整该剪辑的不透明度。通常最有效的做法是，导入已包含定义了所需透明区域的 Alpha 通道的源文件。由于透明度信息与该文件一起保存，因此 Adobe Premiere Pro 会在所有使用该文件作为一个剪辑的序列中保存并显示该剪辑及其透明度。

（2）如果剪辑的源文件不包含 Alpha 通道，则必须手动将透明度应用于要设为透明的各个剪辑实例。可通过调整剪辑不透明度或通过应用效果，将透明度应用于序列中的视频剪辑。

（3）将文件保存为支持 Alpha 通道的格式后，应用程序可以其原始 Alpha 通道保存剪辑，或添加 Alpha 通道。

10.2　抠像

素材质量的好坏直接关系到抠像效果。光线对于抠像素材是至关重要的，因此在前期拍摄时就应非常重视如何布光，确保拍摄素材达到最好的色彩还原度。当使用有色背景时，最好使用标准的纯蓝色或者纯绿色。

在将拍摄的素材进行数字化时，要尽可能保持素材的精度。在有可能的情况下，最好使用无损压缩。因为细微的颜色损失将会导致抠像效果的巨大差异。除了必须具备高精度的素材外，一个功能强大的抠像工具也是完美抠像效果的先决条件。Adobe Premiere Pro CS4 提高了最优质的抠像技术。利用多种抠像特效，可以轻易剔除影片的背景。

Adobe Premiere Pro 在合成工作中，色键是最常用的抠像方式。一般情况下，我们选择蓝色或绿色背景进行拍摄，演员在蓝色或绿色背景前进行表演，然后将拍摄的素材数字化，并且使用键控技术，将背景颜色透明。计算机产生一个 Alpha 通道识别图像中的透明度信息，然后与计算机制作的场景或者其他场景素材进行叠加合成。背景之所以使用蓝色或绿色是因为人的身体不含这两种颜色。

色键抠像是通过比较目标的颜色差别来完成透明的，其中蓝屏或绿屏抠像是常用的抠像方式。

要进行抠像合成，一般情况下，至少需要在抠像层和背景层上下两个轨道上安置素材。抠像层是指人物在蓝色或绿色背景前拍摄的素材（画面），背景层是指要在人物背后添加的新的背景素材（画面），并且抠像层在背景层之上。这样，在为对象设置抠像效果后，可以透出底下的背景层。

蓝屏键是影视后期制作中常用的抠像手法。在 Adobe Premiere Pro CS4 中已经变得很简单，只要将视频特效拖入到时间线窗口中的视频 2 轨的素材上即可，不需要复杂的调整。下面挑选出两段颜色倾向明显的素材，进行抠像演示，如图 10-4 所示。具体的操作步骤如下。

图10-4

（1）将一段紫色刺猬和一段红色狐狸的素材拖放到时间线窗口视频 1 轨，将抠像层素材拖放到视频 2 轨，并与背景素材上下重叠，如图 10-5 所示。

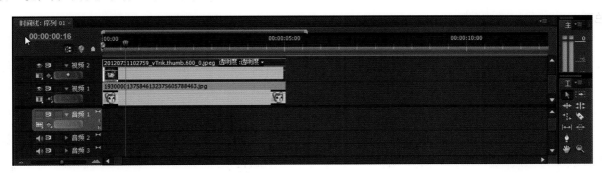

图10-5

（2）选择好抠像素材后，在项目窗口的"特效"选项卡中打开"视频特效"文件夹，点击"键控"子文件夹，展开其所有的抠像特效，如图 10-6 所示。

图10-6

(3) 在展开的抠像特效中按住"蓝屏键"项，并将其拖到时间线窗口视频 2 轨的抠像素材上释放。这时可以在节目视窗中看到蓝色的背景已经被扣除，只留下人物与底层合成的画面，如图 10-7 所示。

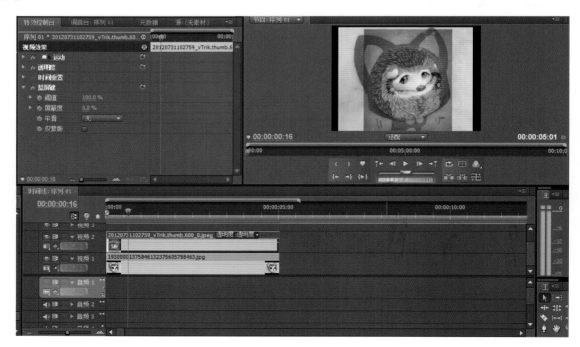

图10-7

（4）按"Enter"（回车）键，可在节目视窗中看到合成的画面效果，如图10-8所示。

图10-8

　　如果需要对其他颜色背景的素材进行抠像，则可以按照上述操作完成步骤（1）和（2）后，在展开的键控特效中按住"色度键"项，并将其拖到时间线窗口视频2轨需要进行的抠像素材上释放。然后点击素材视窗上方的"特效控制台"选项卡，点击"色度键"前的小三角辗转按钮，展开该特效的应用工具。

　　在"颜色"选项中选择滴管工具，并将其拖放到节目视窗中需要抠去的颜色上释放，吸取颜色。吸取颜色后，可以调节下列各项参数，并观察抠像效果。

　　"类似"参数用于控制与键出颜色的容差度，容差度越高，与指定颜色相近的颜色被透明得越多，容差度越低，则被透明的颜色越少。

　　"混合"用于调节透明与非透明边界色彩混合度。

　　"开端"用于调节图像阴暗部分的量。

　　"切掉"用于使用纯度键调节暗部细节。

　　"滤波"中的选项，可以为素材变换的部分建立柔和的边缘。

　　"RGB差异键""非红色键"和"颜色键"等抠像特效操作方法与以上两种抠像的基本一样。

第11章
作品的完成——输出

11.1　输出文件格式概述

Adobe Premiere Pro 可以根据输出文件的用途和发布媒介将素材或序列输出为所需的各种格式，其中包括影片的帧、用于播放的视频文件、视频光盘、网络流媒体和移动设备视频文件等。

Adobe Premiere Pro 为各种输出途径提供了广泛的视频编码和文件格式。对于高清格式的视频，提供了诸如 DVCPRO HD、HDCAM、HDV、H.264、WM9 HDTV 和不压缩的 HD 等编码格式；对于网络下载视频和流媒体视频则提供 Adobe Flash Video、QuickTime、Windows Media 和 RealMedia 等相关格式。

Adobe Media Encoder 是一个由 Adobe 视频软件共同使用的高级编码器，属于媒体文件的编码输出。根据输出方案，需要在特定的输出设置对话框中设置输出格式。

对于每种格式，输出设置对话框中还提供了大量的预置参数，还可以使用此预置功能，将设置好的参数保存起来，或与其他人共享参数设置。虽然输出设置对话框的外观和调用的路径在各个应用软件中各不相同，但它的基本形式和功能是一致的。

Adobe Media Encoder 支持为 Apple iPod、3GPP 手机和 Sony PSP 等移动设备输出 H.264 格式的视频文件。在具体的文件格式方面，可以分别输出项目、视频、音频、静止图片和图片序列的各种格式。

- 项目格式：Advanced Authoring Format（AAF）、Adobe Premiere Pro projects（PRPROJ）和 CMX3600 EDL（EDL）。
- 视频格式：Adobe Flash Video（FLV）、H.264（3GP 和 MP4）、H.264 Blu-ray（M4v）、Microsoft AVI和DV AVI、Animated GIF、MPEG-1、MPEG-1-VCD、MPEG-2、MPEG2 Blu-ray、MPEG-2-DVD、MPEG2 SVCD、QuickTime（MOV）、RealMedia（RMVB）和Windows Media（WMV）。
- 音频格式：Adobe Flash Video（FLV）、Dolby Digital/AC3、Microsoft AVI和DV AVI、MPG、PCM、QuickTime、RealMedia、Windows Media Audio（WMA）和Windows Waveform（WAV）。
- 静止图片格式：GIF、Targa（TGF/TGA）、TIFF 和Windows Bitmap（BMP）。
- 图片序列格式：Filmstrip（FLM）、GIF 序列、Targa 序列、TIFF序列和Windows Bitmap序列。

11.2　输出设置

11.2.1　设置常规输出

（1）在时间线窗口，拖动工作区域，使其覆盖所需的输出影片，并选择需要输出的序列，如图 11-1 所示。

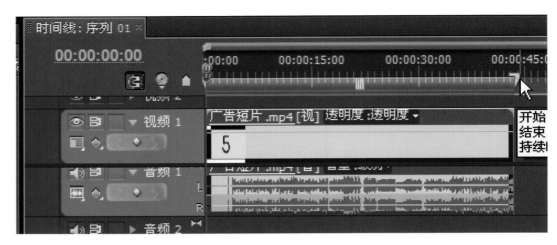

图11-1

(2)选择菜单栏中的"文件"→"导出"→"媒体"命令,弹出"导出设置"对话框,如图11-2所示。

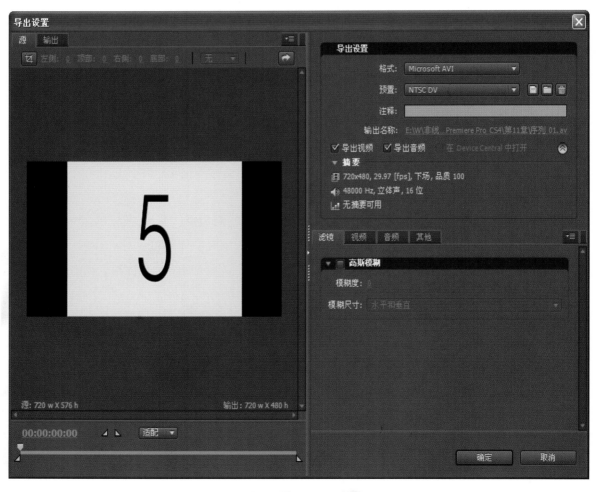

图11-2

(3)单击"预置"右边的选项按钮,在下拉菜单中选择"PAL DV",这是一种常规制式,即DV格式的数字视频,如图11-3所示。

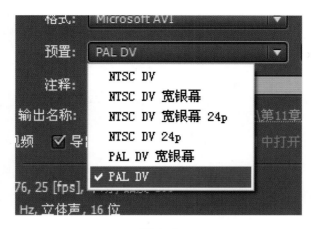

图11-3

(4) 点击"输出名称"右边的字幕，弹出"另存为"对话框，可以在此对话框中给输出文件命名，并选择输出路径，如图 11-4 所示。

图11-4

(5) 单击"格式"右边的选项按钮，可以在下拉菜单中根据需要选择文件输出的格式，如图 11-5 所示。

图11-5

11.2.2　设置视频输出

(1) 如果在 11.2.1 小节的步骤（5）保持默认状态,则可以进入"视频"栏目,单击"视频编解码器"右边的选项按钮，在下拉菜单中选择"DV PAL"选项，如图 11-6 所示。

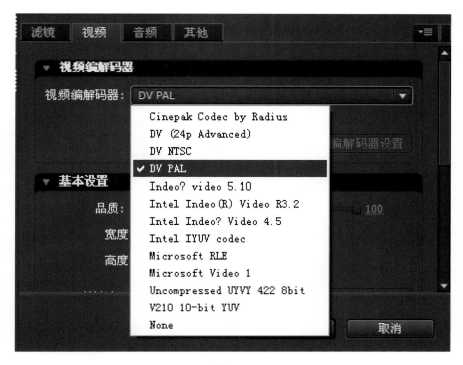

图11-6

(2) "场类型" "纵横比" 等参数一般保持默认设置，如图 11-7 所示，也可以根据需要手动修改。

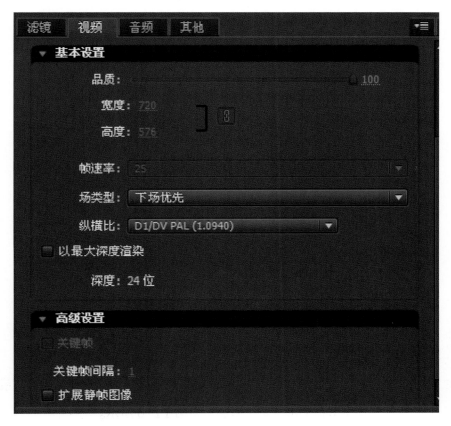

图11-7

11.2.3   设置关键帧和预演

在"关键帧和预演"栏目中，可以指定合成影片时所使用的关键帧压缩状态、合成时的相应选项，以及对素材的场处理选项。在"场"的下拉列表中选择"下场优先"选项，并勾选"以最大深度渲染"以及"扩展静帧图像"复选项，如图11-8所示。

图11-8

11.2.4   设置音频输出

在音频输出设置中，用户需要为输出的音频指定输出使用的压缩方式、采样速率及量化指标等。

进入"音频"栏目，"音频编码"为默认的"无压缩"，而应在"采样率"中选择"48000Hz"，"声道"为"立体声"，"采样类型"为"16位"，"音频交错"为"1"帧，如图11-9所示。

图11-9

11.3 输出影片

11.3.1 输出视频文件

一般情况下，需要将编辑完成的节目合成一个文件，然后才能将其录制到磁带或其他媒介上。

如果输出设置完毕，则可以单击"确定"按钮，关闭"影片输出设置"对话框。

单击"保存"按钮，关闭"输出影片"对话框。系统此时会弹出"预演"窗口，并开始自动合成影片。变化的绿色区域表示合成进程，下方显示当前合成帧数和估计合成的时间。合成完毕后，系统将该文件存放在指定的硬盘里。

用户在硬盘中找到该视频光盘文件后，可以用计算机内已安装好的媒体播放器播放该影片。

11.3.2 输出视频光盘

编辑好的影片，除了合成视频文件供计算机播放外，有时还需要将其刻录成视频光盘，供 DVD 影碟机播放。

Adobe Premiere Pro CS4 可以合成供 DVD（或 VCD/SVCD）播放的视频光盘文件，如果计算机安装了 DVD（或 CD）刻录光驱,Adobe Premiere Pro CS4 还可以直接刻录输出一张 DVD（或 VCD/SVCD）光盘。

参考文献

CANKAOWENXIAN

[1] 刘利杰 .Adobe Premiere Pro CS3 中文版影视编辑案例教程 [M]. 北京：中国水利水电出版社，2009.

[2] 张峰，向世雄、李少勇 .Premiere Pro CS3 影视编辑入门与提高 [M]. 北京：科学出版社，北京希望电子出版社，2009.

[3] 刘强 .Adobe Premiere Pro CS3 标准培训教材 [M]. 北京：人民邮电出版社，2008.

[4] 刘强 .Adobe Premiere Pro CS4 标准培训教材 [M]. 北京：人民邮电出版社，2009.

[5] 马赛尔·马尔丹 . 电影语言 [M]. 何振淦，译 . 北京：中国电影出版社，2006.

[6] 周新霞 . 魅力剪辑：影视剪辑思维与技巧 [M]. 北京：中国广播电视出版社，2011.